# PLÁSTICOS

EDICIONES UNIVERSIDAD CATÓLICA DE CHILE
Vicerrectoría de Comunicaciones
Av. Libertador Bernardo O'Higgins 390, Santiago, Chile

lea.uc.cl

PLÁSTICOS.
MIT Press / Conocimientos esenciales

Imari Walker-Franklin
Jenna Jambeck


Noviembre 2025
ISBN 978-956-14-3475-2
ISBN digital 978-956-14-3476-9

Traducción: Programa de Magíster en Traducción - Facultad de Letras UC
Ilustración de portada: Joaquín Rosas Sotomayor
Diseño y diagramación: versión productora gráfica SpA
Impresión: A Impresores

CIP - Pontificia Universidad Católica de Chile

Nombres: Walker-Franklin, Imari, autor | Jambeck, Jenna, autora.
Título: Plásticos / Imari Walker-Franklin, Jenna Jambeck (autores).
Descripción: Santiago, Chile : Ediciones UC
Incluye bibliografía.
Materias: CCAB: Plásticos. | Desechos de plástico. | Polímeros.
Clasificación: DDC 620.1923 —dc23

Registro disponible en: https://buscador.bibliotecas.uc.cl/permalink/56PUC_INST/vk6o5v/alma 997685458503396

# PLÁSTICOS

IMARI WALKER-FRANKLIN
JENNA JAMBECK

MIT Press / Conocimientos esenciales

Massachusetts
Institute of
Technology

EDICIONES UC

# CONTENIDOS

# PRÓLOGO DE LA SERIE

La serie de Conocimientos esenciales de MIT Press ofrece libros de bolsillo accesibles, concisos y atractivos sobre temas de interés actual. Escritos por destacados pensadores, los libros de esta colección ofrecen una visión general de expertos sobre los más variados temas que van desde lo cultural e histórico a lo científico y técnico.

En la era actual de información instantánea, tenemos fácil acceso a opiniones, racionalizaciones y descripciones superficiales, mientras que el conocimiento fundamental que entrega una comprensión del mundo basada en principios es mucho más difícil de encontrar. Los libros de esta serie satisfacen esta necesidad. Al sintetizar conceptos especializados para un público no experto y abordar temas críticos a través de los fundamentos, cada uno de estos volúmenes compactos ofrece a los lectores un punto de acceso a ideas complejas.

Bruce Tidor
Profesor de Ingeniería Biológica e Informática
Instituto de Tecnología de Massachusetts

CAPÍTULO 1

# Introducción

Donde sea que estés en este momento, mira a tu alrededor. ¿Quizás tengas este libro en una mano y tu teléfono, hecho de varios metales, plásticos y vidrio en la otra? ¿A lo mejor estás reposando en el banco de una plaza hecho de bolsas plásticas recicladas o sobre tu colchón de poliuretano? ¿Prendiste la luz para leer esto? Diariamente entramos en contacto con muchos artículos hechos de plástico, tales como el teléfono (o partes de él), alfombras, muebles e interruptores de luz. No siempre es evidente que un artículo sea de plástico, donde se incluyen los materiales mixtos que contienen plástico. Por ejemplo, tu ropa puede ser una mezcla de poliéster o polar, un vaso desechable para café está hecho de papel forrado con polietileno y las bolsas de snacks que parecen metálicas son en realidad bolsas plásticas con una delgada capa de aluminio.

Aunque el término *plástico* todavía se usa como un adjetivo en la ciencia del suelo, es ahora un sustantivo más conocido por denominar a "cualquiera de los numerosos materiales orgánicos, sintéticos o procesados, que son, en su mayoría, polímeros termoplásticos o polímeros termoestables de alto peso molecular y que pueden emplearse en la fabricación de objetos, películas o filamentos".[1] De acuerdo con Google, el uso de la palabra plástico guarda directa relación con la cronología de la historia y el desarrollo del material común que usamos hoy (Figura 1). Desde su descubrimiento en la década de 1860 y su introducción al mercado público en la década de 1950, el plástico se ha vuelto omnipresente es nuestra vida diaria.

El plástico, como nombre del material que conocemos hoy, literalmente impactó el mercado cuando los humanos estaban buscando un reemplazo

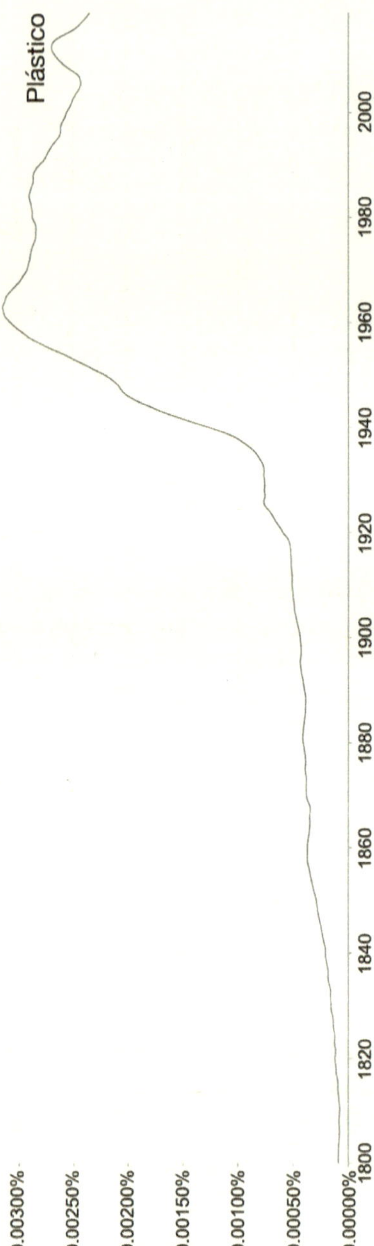


Figura 1. El uso de la palabra plástico en el tiempo, de acuerdo con Google Books.

para materiales naturales tales como el marfil. La materia prima de la mayor parte de los plásticos actualmente son los combustibles fósiles, el petróleo y el gas, pero la invención del plástico tiene su origen en una materia prima vegetal: la celulosa. La celulosa es el compuesto orgánico de mayor prevalencia en la tierra, ya que se encuentra en la madera y el algodón. Está compuesta por una cadena de moléculas de azúcar y conforma las paredes celulares de las plantas verdes. El papel que proviene de la madera es flexible gracias a la celulosa. Otros materiales naturales que se pueden moldear o manipular son el ámbar y el caucho (hecho de la savia de árbol).

Un profesor de química alemán, Christian Friedrich Schönbein, descubrió que la mezcla de la celulosa del algodón con azufre y ácido nítrico se vuelve altamente inflamable; esta mezcla se denominó "algodón pólvora" o nitrocelulosa. La celulosa parcialmente nitratada era un poco más estable, se denominó piroxilina y sirvió de base para dos materiales plásticos inventados a comienzo de 1860, la parkesina y la xilonita, ninguno de los cuales se mantuvo por mucho tiempo en el mercado. Sin embargo, al disolver nitrocelulosa en solventes orgánicos, se volvía un líquido muy espeso denominado colodio, que también era inflamable y también de poca utilidad. Al añadir alcanfor a la mezcla resultaba un material similar al plástico, más estable y moldeable. John Wesley Hyatt, un inventor estadounidense, llamó a esta mezcla "celuloide" y la presentó como una creación para ganar una competencia que premiaba con diez mil dólares a quien hallara un reemplazo para el marfil en las bolas de billar. John ganó la competencia, aunque nunca cobró el dinero del premio. Estos materiales comenzaron a reemplazar rápidamente al marfil. Y, aun cuando el celuloide, de uso popular en las bolas de billar, peines y otros artículos, era más estable que la nitrocelulosa, las bolas de billar de celuloide todavía podían ser explosivas cuando se usaban. Además, la nitrocelulosa era un polímero de base biológica creado a partir de la celulosa de origen vegetal; los materiales plásticos completamente sintéticos con origen en el petróleo o el gas aparecieron después.

A principios del siglo XX, al igual que varios otros científicos, Leo Baekeland se encontraba desarrollando nuevos materiales usando mezclas de fenol y formaldehído. Durante el proceso, aplicó varias temperaturas y presiones. En 1909, anunció públicamente su invención: la baquelita, el primer material plástico sintético del mundo. Leo explica que el proceso de polimerización es similar a los procesos biológicos que se parecen a la "naturaleza fenólica de sustancias resinosas" encontradas en plantas como el árbol de la laca japonés. En lo que ahora se considera un giro irónico, el proceso para elaborar el primer material plástico completamente sintético fue, en sus palabras, una imitación de la naturaleza a través del biomimetismo.

La baquelita tenía ventajas sobre el celuloide pues, una vez moldeada, el producto mantenía su forma cuando era expuesto al calor o a productos químicos. Como este plástico termoestable era tolerante al calor, resistente a los productos químicos y no conductivo, la baquelita rápidamente se utilizó en muchas aplicaciones de la industria eléctrica y automotriz, en infraestructuras tecnológicas (teléfonos, partes de máquinas lavadoras, etc.) y en artículos de regalo (joyería, envases de cosméticos, etc.). Sin embargo, la baquelita no se podía colorear de manera fácil y, en algunos casos, el aserrín se usaba como relleno para hacerla lucir opaca. Además, por ser termoestable, no se podía derretir ni volver a moldear. Con el tiempo, se inventaron los materiales termoplásticos que se podían moldear y derretir, como el poliestireno y el nylon. Estos materiales plásticos tenían una mejor estética y su uso se extendió ampliamente.

Como material nuevo, rápidamente los plásticos fueron usados por el sector militar, en particular durante la Segunda Guerra Mundial, cuando paracaídas, partes de cascos, piezas y carcasas de armas de fuego, componentes de aeronaves y hasta los peines entregados a los soldados eran todos hechos de nuevos materiales plásticos.[2] Luego de la guerra, empresas como DuPont, que se habían dedicado a la elaboración de materiales de plástico, estaban ansiosas por ver estos productos también siendo adoptados por la sociedad civil. Y lograron lo que querían publicitando una nueva sociedad desechable, como la tristemente célebre portada de la revista *Life* de agosto de 1955: "Throwaway Living" (vida desechable). No se podía negar la utilidad de los materiales de plástico (moldeables, durables y livianos), así que se expandieron rápidamente a los utensilios domésticos, reemplazando inicialmente materiales naturales como el marfil y el caucho. Un excelente ejemplo es el celofán, que se inventó a principios del siglo XX y se usó para almacenar alimentos.

Desde 1950, el sector del embalaje ha sido el sector que, con creces, más usa plástico. Varios factores impulsan su uso en este sector. Primero, el mundo se ha vuelto cada vez más globalizado. Debido a que la cantidad de bienes y alimentos que se transporta a nivel mundial es considerable, el sector del embalaje ha adoptado especialmente al plástico como un material funcional. Es durable para proteger bienes y alimentos, a la vez que liviano, lo que disminuye los costos de transporte; además, fácilmente se le puede dar forma, colorear y diseñar tanto para protección frente a pérdidas como para propósitos comerciales. Otro factor impulsor es la distribución y la protección de los alimentos. Los materiales plásticos nos han facilitado la vida con artículos envasados que son fáciles de tomar y llevar, y que nos pueden proveer porciones de comida o bebida cuando sea necesario. En términos de protección y empaque de alimentos, no hay otro material todavía que entregue las ventajas que brinda el plástico. Sin embargo, se podría decir que hemos ido demasiado lejos cuando envolvemos en plástico alimentos que son protegidos de manera natural por sus cáscaras. El plástico, como material para el empaque de alimentos ha significado una ventaja económica al permitir que las empresas comercien de manera efectiva, con diseños de empaques atractivos y que permiten sentir el contenido, y con empaques que evitan pérdidas en los estantes de los almacenes, y que abaratan el costo del transporte con materiales más livianos.

No obstante, así como en torno al plástico creció la cultura de lo desechable, también creció la preocupación por la gestión de los residuos. ¿Cómo podría nuestro sistema de gestión de residuos manejar un material que nunca antes había visto? Incluso la industria sabía que esto podría ser un problema cuando lo discutían en reuniones donde la información nunca salió a la luz en ese entonces.[3] Cuando, en Estados Unidos, los plásticos comenzaron a "fugarse" del sistema hacia las orillas de las carreteras y el medio ambiente, una organización llamada Keep America Beautiful (KAB), fundada por la industria, comenzó una gran campaña para prevenir que se arrojara basura en lugares inadecuados. Aunque fue importante que las empresas entregaran recursos para la limpieza de un problema al que ellas contribuían, también llevó a la gente a pensar que la responsabilidad de mantener el medio ambiente limpio era solamente de ellas. No era solo que las empresas no contribuyeran con recursos para infraestructura o prevención de residuos y, por lo tanto, de la basura en primer lugar, sino que combatían activamente políticas tales como requisitos de reusabilidad y esquemas de depósito, devolución y retorno. Responsabilizaron de las fugas y de la limpieza directamente a las ciudades y los miembros de la comunidad. Hasta hoy, seguimos tratando de ponernos al día con los problemas que la contaminación por plástico ha causado.

Este libro aborda la producción y uso de plástico, la generación y gestión de residuos plásticos, y los impactos de los desechos plásticos en el medio ambiente y la sociedad. Nos ocuparemos de las políticas y de las intervenciones que buscan reducir la contaminación del medio ambiente a causa del uso de plásticos. En el capítulo 2, trataremos su rápido crecimiento y uso a través del tiempo, incluyendo estadísticas sobre producción. Dado que muchos plásticos se utilizan rápido y se desechan, la gestión de residuos también ha sido un problema desde el comienzo de su uso. En el capítulo 3, discutiremos los desafíos de la gestión de residuos plásticos, desde las razones por las que el reciclaje de plástico ha sido tan desafiante, hasta el por qué un material que es tan valioso para las empresas, desde el punto de vista económico, tiene tan poco valor luego de ser usado. En el capítulo 4, se discute dónde y cuánto plástico se ha encontrado en nuestro medio ambiente.

A continuación, en el capítulo 5, se discute que los plásticos no son solo un polímero, sino que también contienen aditivos y modificadores que pueden liberarse al medio ambiente. En el capítulo 6 analizaremos los impactos medioambientales de la contaminación por plástico. El capítulo 7 está dedicado a los impactos del plástico sobre diferentes aspectos de la sociedad. A causa de los muchos titulares y resonantes preocupaciones acerca de la contaminación por plástico alrededor del mundo, muchos gobiernos han actuado. En el capítulo 8 se discuten las políticas y regulaciones que se han diseñado para encargarse de los plásticos. El capítulo 9 trata sobre las intervenciones para reducir la cantidad de plásticos que entran en nuestro medio ambiente y el océano, así como las acciones que podemos realizar para enfrentar este problema individual y colectivamente, mientras reflexionamos sobre cómo se ve nuestro futuro con los plásticos.

En 1999, en la película *Belleza Americana*, una bolsa plástica bailaba por el aire en un video mientras los personajes hablaban sobre la belleza. La escena no se trataba, en realidad, acerca de la hermosura de la bolsa plástica, sino que nos rogaba a mirar de cerca las cosas comunes, cotidianas, para apreciar el hecho de que existe toda una vida detrás de los objetos. Este libro es acerca del ciclo de vida completo de las cosas plásticas. Es imposible imaginar nuestras vidas sin el plástico. Aun así, es evidente que contaminan nuestro medio ambiente: lo vemos en casi todos los lugares a los que vamos. La culpa de la contaminación del medio ambiente, a menudo, se le asigna al consumidor o a los miembros de la comunidad, pero ellos son parte de un sistema con opciones limitadas. Este libro puede entregar a las personas las armas del conocimiento y la información acerca de los plásticos para tomar decisiones conscientes cuando sea posible, promover el cambio en el gran sistema e incitar inspiración.

CAPÍTULO 2

# Producción y uso del plástico

Puede ser bastante difícil imaginar nuestras vidas sin el plástico como un material que podamos usar. El plástico se puede moldear para que adquiera cualquier forma, nivel de flexibilidad y color; y se usa en sectores que han hecho avances enormes, como los sectores del transporte, la medicina y la electrónica. Sin embargo, aquello que la sociedad encuentra más útil del plástico (la gran variedad de cosas que podemos hacer con él) es precisamente lo que a menudo lo hace tan desafiante de capturar y gestionar una vez usado. Al pensar en cómo eliminar el plástico del medio ambiente, tenemos que pensar en cuándo, dónde y cómo lo usamos. Durante la pandemia del COVID 19, la magnitud de su uso se hizo muy evidente. Durante los primeros meses de la pandemia, muchos de nosotros permanecimos en nuestros hogares, en varios casos por mucho más tiempo que nunca antes en nuestras vidas, y nos dimos cuenta de la cantidad de plástico que usamos diariamente y de cómo su uso aumentaba los desechos que generábamos. La gente no estaba necesariamente generando más desechos, pero tanto el *tipo* de desechos como el *lugar* en donde los generábamos eran diferentes. Para el 2015, se habían producido 8.300 millones de toneladas métricas de plástico a nivel global desde 1950, cuando se habían producido solo dos millones de toneladas métricas de plástico.[1]

Los plásticos son un tipo de polímero, una gran cadena formada por miles de unidades moleculares entrelazadas conocidas como monómeros. Los plásticos provienen de materias primas, como el gas natural y el petróleo, que se refinan en componentes como el propano y el etano. Al aplicar temperaturas altas a estas materias primas, se forman los monómeros propileno y etileno, dos olefinas (con doble enlace) de uso común en la producción de plásticos y de materiales químicos. Las olefinas se producen mediante craqueo catalítico fluido (petróleo) o craqueo al vapor de gas natural. Las olefinas etileno y propileno son los hidrocarburos que funcionan como bloques de construcción de los polímeros y otros productos químicos (Figura 2, los polímeros aparecen resaltados en gris; otros químicos especializados, en blanco) y que, luego de la polimerización, pero antes de la extrusión, tiene forma granulada. Una extrusora combina aditivos con el polímero, mezclando y peletizando los plásticos para que queden listos para usar y luego manufacturar los productos plásticos finales.

El objetivo de craquear y producir olefinas no es solo obtener polímeros, sino también muchos otros productos químicos. Normalmente, los productos químicos especializados generan mayores ganancias para la industria petroquímica que la gasolina refinada, pero solo hay una cantidad limitada de demanda para esos productos, como el etilenglicol. Cualquier exceso de etileno obtenido sobre el que se usa para producir químicos fácilmente se puede polimerizar y convertir en pellets para la industria manufacturera, ya sea que los plásticos se necesiten inmediatamente o no. Algunas veces, los plásticos son considerados subproductos de la refinación de petróleo o gas, ya que son solo un componente del proceso petroquímico y se hacen con monómeros en exceso que no se usan directamente en químicos de mayor rentabilidad. Por esta razón, la simple existencia y potencial de los polímeros para aumentar las ganancias ha impulsado su uso más allá de lo que se podría considerar necesario.

Aunque hoy en día hay más de 5.300 fórmulas de polímeros disponibles comercialmente, algunos de los polímeros más comunes son el polietileno, el polipropileno, el policloruro de vinilo, el tereftalato de polietileno, el poliuretano y el poliestireno. Los plásticos a base de combustibles fósiles dominan la industria. Los plásticos de base biológica usan materias primas alternativas, tales como pulpa de celulosa, azúcares, cultivos u hongos, en lugar de petróleo o gas natural. A pesar de que los plásticos de base biológica constituyen menos del 1 % del mercado, se espera que su demanda aumente.

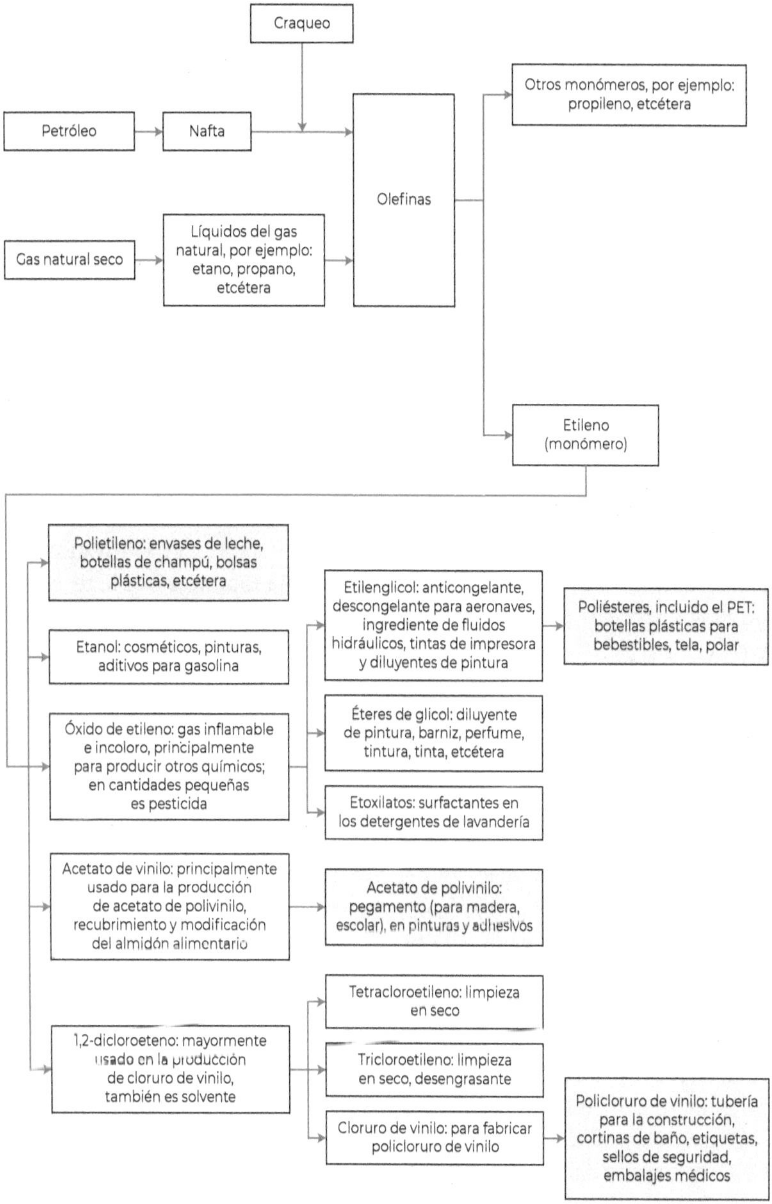


**Figura 2. Producción de olefinas a partir de petróleo y de gas natural, y la posterior producción relacionada de químicos y polímeros a partir del monómero de etileno.**

A nivel mundial, en el año 2020 se produjeron 367 millones de toneladas métricas de plástico.[2] China produce la mayoría de los plásticos (32 %), seguida por los países del Tratado de Libre Comercio de América del Norte (NAFTA): Canadá, EE. UU. y México (19 %). El resto de Asia produce un 17 %, seguido de la Unión Europea (UE), con un 15 %, y otras regiones del mundo con menos de un 10 % cada una. Tanto las materias primas de los polímeros (por ejemplo, petróleo y gas) como los plásticos polimerizados se comercializan en todo el mundo. Los Estados Unidos aportan a la UE el 22,8 % de las materias primas para la fabricación de plástico, seguida por las importaciones desde el Reino Unido (R.U.), Corea del Sur, Arabia Saudita y China.[3] Las importaciones más cuantiosas de plástico procesado hacia la UE provienen de China (33,8 %) y de los EE. UU. (11,7 %). Las exportaciones de plástico procesado desde la UE llegan a R.U. (18,4 %), seguidas de los EE. UU., Suiza, China y Rusia.

En el 2020, la producción global de plásticos disminuyó levemente en comparación con el 2019, probablemente a causa del COVID. Sin embargo, cada año anterior a ese, el aumento se mantenía estable desde la recesión de 2008, cuando la producción cayó en 14 millones de toneladas métricas y volvió a repuntar al año siguiente. La economía se ralentizó durante el COVID, pero en varias áreas, como la medicina y el embalaje, el uso de plástico vio un aumento, así que la caída de la producción fue mínima. El periodo entre el 2020 y el 2022 fue "inusual" durante el punto más alto de la pandemia por COVID-19, cuando se produjo escasez global de muchos bienes. Hasta entonces, en lugares como los EE. UU., el consumo de artículos se encontraba en su nivel histórico más alto.

Los usos médicos del plástico fueron trascendentales para salvar vidas en los hospitales de todo el mundo, pero gestionar los residuos se volvió un problema. Las políticas y regulaciones que ya se habían implementado o que estaban por ser implementadas para reducir el consumo de plástico (por ejemplo, prohibición de uso de bolsas plásticas, impuestos, etc.) se revirtieron oficialmente. En ese momento, las políticas simples sobre tazones reutilizables, bolsas y productos rellenables cambiaron. Tanto los cambios de políticas a nivel gubernamental como industrial trajeron como consecuencia un mayor uso de plásticos, pues se consideran desechables. Un excelente ejemplo es el equipamiento de protección e insumos personales, tales como mascarillas, guantes y toallitas desinfectantes. Al comienzo de la pandemia, la demanda por estos productos plásticos superó a la oferta, pero con el tiempo la oferta la alcanzó. Además, la demanda de artículos envasados y de entrega a domicilio de abarrotes, alimentos y otros ítems aumentó, por lo que los hogares generaron más basura. El aumento de los desechos domésticos llevó a una baja en la generación de residuos comerciales (desechos del trabajo).

Podría parecer que los artículos durables hechos con plásticos representaron la fracción más grande del plástico producido en general, como autos, artículos electrónicos y materiales para la edificación y la construcción. Sin embargo, estos no son los sectores de mayor uso de plástico a nivel global, sino que es el sector del embalaje, con un 40,5 % en total.[4] En efecto: cada producto que se transporta hasta su destino de uso está colmado de bolsas, películas, contenedores, cintas y relleno (espuma o chips) de plástico. Posteriormente, es en la edificación y la construcción donde más se usa plástico, con un 20,4 %, seguido por la industria automotriz con un 8,8 %. Aunque pareciera que cada dispositivo electrónico contiene plástico, solo un 6,2 % de plástico se utiliza en el sector eléctrico y electrónico. Los artículos domésticos, de entretención y deportivos representan un pequeño porcentaje de uso (4,3 %), seguido por la agricultura (3,2 %) y una combinación de otros usos, con un 16,6 %. Cuando analizamos dónde usamos más plásticos, no resulta sorprendente que sea en el sector del embalaje. El embalaje se utiliza en el transporte y el reparto de bienes y productos, pero ingresa en el flujo de residuos en cuanto se entregan los bienes o se consumen los productos y, por lo general, no tiene otro uso en ese punto. Piensa en todos los envoltorios que se acumulan en los tarros de basura los días festivos o de cumpleaños. El embalaje plástico, a menudo, no tiene otro valor luego de su uso único, razón por la cual este es el sector cuyos materiales terminan más frecuentemente infiltran en el medio ambiente (capítulo 4).

Cuando se analiza cuánto tiempo un producto permanece en uso, la Agencia de Protección Ambiental de Estados Unidos (EPA, por sus siglas en inglés) ordena los bienes en tres categorías, en las que se usa la vida útil en el análisis de flujo de materiales para estimar las cantidades de desechos generados en un año en particular. Estas categorías son: bienes durables (permanecen en uso por más de tres años); bienes no durables (permanecen en uso por menos de tres años); y contenedores y embalaje (normalmente, entran al flujo de residuos el mismo año en que se compran). Los electrodomésticos y los muebles son ejemplos de bienes durables. Entre los bienes no durables, algunos ejemplos son: pañales desechables, bolsas de basura, vasos, cubiertos, dispositivos médicos y artículos domésticos, como cortinas de baño.[5] Nuestros alimentos y otros productos llegan a las tiendas o a nuestra puerta en embalajes.

Sabemos que no podemos comenzar a reducir la contaminación por plástico sin reducir la producción de este. Y la contaminación por plástico comienza con su producción, especialmente para las comunidades aledañas (ver capítulo 7). En el pasado, el foco estaba en la reducción de los plásticos de un solo uso. "Un solo uso" se definía como algo que había sido usado una vez y que no se podía volver a usar, como envoltorios, vasos desechables para café, tapas de vasos para bebidas, bombillas, etc. Estos artículos eran los que más a menudo se encontraban en el medio ambiente, en vías navegables y en el océano.[6] Sin embargo, un nuevo enfoque en la reducción de la contaminación por plástico considera los plásticos que son innecesarios, evitables y problemáticos (plásticos UAP, por sus siglas en inglés).[7] Es necesario que los creadores de políticas sean capaces de determinar cuáles plásticos pueden ser innecesarios, evitables o problemáticos en sus contextos. Por ejemplo, el agua embotellada puede ser necesaria en algunos contextos donde el agua limpia para beber no se encuentra disponible. El agua embotellada puede ser considerada innecesaria en otros lugares donde existen estaciones de recarga gratis. Además, las botellas verdes de plástico, o de cualquier color que no sea claro o azul, podrían ser un problema porque aumentan las capacidades de reciclaje (por ejemplo, las botellas transparentes y algunas azules son las únicas que pueden ser recicladas botella por botella). Como miembro de la comunidad, a menudo es difícil evitar los plásticos y, en general, no hay alternativa. Al comprar, evitar los plásticos puede llegar a ser un privilegio. Se necesita un cambio fundamental y sistemático, que permita tomar decisiones más juiciosas acerca de dónde, cuándo y cómo se usan los plásticos, y si acaso se debieran usar.

CAPÍTULO 3

# Gestión de residuos plásticos

Arrojado a la basura. Tirado al suelo. Descartado. Ya no es "útil". ¿En qué momento el plástico se vuelve "basura"? Algunas culturas no reconocen el concepto de desecho, como la cultura de Tonga. La palabra *basura* y sus conceptos relacionados, como vertedero o tarro de la basura, ni siquiera existen en el idioma tongano. ¿Qué son los residuos? ¿Es algo que (ya) no es útil? ¿O es, como dice la gurú organizacional Marie Kondo, algo que ya no "proyecta alegría"? ¿Y cómo deberíamos deshacernos de algo que consideramos un residuo? En el contexto de los plásticos, estas son preguntas desafiantes, con las que debemos enfrentarnos como seres humanos.

Por miles de años, más de los que hemos estado usando tarros de basura y vertederos, hemos estado dejando materiales no deseados en nuestro medio ambiente. Las vías navegables, como los ríos y el océano, históricamente se usaron como sistemas de gestión de residuos, porque los transportaban lejos de nuestros emplazamientos. Este fue un acto de gestión en un tiempo en que los residuos eran todos, inicialmente, desechos de comida o desechos de nuestros cuerpos. Cuando se descubrieron el metal y el papel, se consideraron materiales valiosos, porque de manera sencilla podían reciclarse o incinerarse, respectivamente. No fue hasta la era del plástico y de los bienes "descartables" que los residuos sólidos se volvieron la crisis de *gestión* que representan hoy. Ahora bien, han sido los métodos tradicionales para gestionar residuos los que nos han conducido al problema del plástico que tenemos en la actualidad.

Para este análisis, los residuos son definidos como una sustancia o artículo que se descarta y se composta, recicla, arroja o ubica de manera no controlada en el medio ambiente.

Consideremos algunas opciones comunes para deshacerse de los residuos, en general, y de los artículos hechos de plástico, en particular:

- **Vender o donar el artículo** a alguien que (todavía) lo considere de valor.
- **Compostarlo**, si es biodegradable. Aunque los plásticos se basan en el carbono, a menudo no son biodegradables o compostables, a menos que se hayan diseñado específicamente para eso, como se explicará más adelante.
- **Reciclarlo**. Esto es lo que casi todas las personas intentan hacer con los plásticos. Todas las características que hacen útil al plástico (que puede ser delgado, como una bolsa plástica; grueso y rígido, como una botella, o de cualquier color del arcoíris) también lo hacen difícil de reciclar. Algunos plásticos son reciclables, pero otros no, así que la mayoría termina en vertederos y, cada vez más frecuentemente, en hábitats y vías de navegación todavía limpios.

El desafío de deshacerse de los plásticos es tan abrumador para los consumidores que algunos innovadores están interviniendo. Por ejemplo, para enfrentar una de las preguntas más comunes que nos hacen, uno de los autores de este libro (Jambeck) y una *startup* de la Universidad de Georgia desarrollaron "Can I Recycle This" (CIRT, "¿Puedo reciclar esto?"), una plataforma tecnológica que puede entregar, a pedido, información específica por ubicación acerca de lo que se puede o no reusar, reciclar o compostar a nivel local. No obstante, ahora todos estamos obligados a gestionar el plástico de manera adecuada, dada la presunta responsabilidad que ha sido delegada en nosotros por las empresas cada vez que recibimos un artículo hecho o embalado con plástico.

## Generación de residuos y plástico descartado

De acuerdo con los datos del Banco Mundial, se generan anualmente más de dos mil millones de toneladas métricas de residuos en todo el mundo[1]. Junto con un elevado aumento en la producción de materiales sintéticos, hemos visto, como consecuencia, que aumentó el plástico en el flujo de residuos en un 12 % a nivel mundial; y del 0,4 % en 1960, al 13,2 % en 2017 solo en Estados Unidos. Estos porcentajes se basan en datos generales, pero, para visualizar realmente el plástico en el flujo de residuos, podemos transformarlo a una medida de volumen. Un cúmulo de basura a menudo parece formado principalmente por plástico, pero eso pasa porque el plástico pesa muy poco en comparación con el espacio que ocupa. Por ejemplo, las bolsas plásticas, que son películas de plástico, se expanden y parecen grandes debido a la superficie que ocupan, pero su peso es muy bajo. Los contenedores de plástico rígido están diseñados para contener productos, pero cuando se vacían, siguen ocupando el espacio reservado para el producto.

Desde los años 50, a nivel mundial, se han usado más de seis mil millones de toneladas métricas de plástico, las que se han vuelto residuos[2]. Si esta cantidad se transformara en volumen, caminarías hundido hasta los tobillos por una capa de plástico del tamaño del estado de Texas. Se proyecta que para 2050 las cantidades acumuladas alcanzarán los 26 mil millones de toneladas métricas a nivel mundial,[3] por lo que la necesidad de reducir y gestionar el plástico en el flujo de residuos sigue aumentando de forma constante.

## Gestión de residuos y plástico descartado

Estados Unidos abordó la formalización de la gestión de residuos sólidos mediante la Ley de Conservación y Recuperación de los Recursos (RCRA, por sus siglas en inglés) de 1976, la que mandataba a la Agencia de Protección Ambiental de Estados Unidos (EPA) para que regulara los residuos sólidos y peligrosos. Se prohibió el "vertido al aire libre", lo que fue reemplazado por vertederos regulados, por compostaje y por sistemas de recuperación. Gracias a la RCRA, y a regulaciones similares a lo ancho del mundo, se han formalizado muchos programas de gestión de residuos sólidos. Sin embargo, la gestión de residuos sigue siendo un problema complejo por muchas razones; uno de los componentes más apremiantes es la justicia ambiental.[4] Nadie quiere una planta para gestión de residuos dentro de su comunidad ni en sus alrededores. Como resultado, estas plantas son construidas, por lo general, en comunidades de bajos recursos e históricamente marginadas.

Alrededor del mundo, opera un gran sector informal de gestión de residuos; aproximadamente 20 millones de personas hacen del reciclaje de base y de la recolección, la clasificación, el procesamiento y la venta de materiales reciclados su forma de sustento. Aunque el sector es significativo en el sur y el sureste de Asia y de África, los recolectores de residuos también operan en la gran Asia, América del Norte, Sudamérica y en partes de Europa. Sin embargo, en general no son respetados ni su trabajo reconocido. Los recicladores de base por lo general no cuentan con protección para su salud y seguridad, ni con infraestructura para operar. Las comunidades de recolectores pueden vivir cerca de basurales recolectando artículos valiosos bajo condiciones extremadamente peligrosas. Esta comunidad tiene experiencia en materiales, reciclaje y economía; son actores esenciales en las discusiones sobre políticas e infraestructura. Los gobiernos no siempre tienen en cuenta el trabajo que realizan. Aun así, ellos siguen prestando el servicio de recolección y reciclaje de residuos, con lo que mantienen al plástico fuera del medio ambiente a pesar de todos los retos que enfrentan. En algunos casos, el sector informal de los residuos ha sido capaz de formar sindicatos y de negociar con los gobiernos para ser reconocidos, obtener remuneración o beneficios, y para mejorar sus condiciones laborales y la infraestructura en donde trabajan. En la ciudad de Ho Chi Minh, los recolectores de residuos independientes (semiformales), apoyados por una ONG, negociaron una tasa de pago mayor (con cargo a los residentes) por sus actividades diarias de recolección y clasificación, y mejoraron su relación con el gobierno. Sigue habiendo esfuerzos globales realizados por muchos defensores y activistas con el fin de mejorar las condiciones laborales y de que se reconozcan las contribuciones de este sector en la mantención de los plásticos fuera del medio ambiente.

## Reutilización

Si un material basado en el plástico retiene algún valor, aunque no sea el de su propósito original (o inicial), puede ser reutilizado, eliminando así el costo energético de deshacerse de él o de reciclarlo. Por ejemplo, si compras un pote plástico de yogurt o margarina, puedes darle al pote, vacío y limpio, un nuevo uso para guardar cosas. Pero, en algún momento, tendrás demasiados potes y un gran desorden. En los almacenes y restaurantes existen otras situaciones de reutilización formal; las opciones de relleno y reutilización se están expandiendo gracias a organizaciones especialmente dedicadas a este trabajo. La tecnología está facilitando el crecimiento de la reutilización y el relleno mediante el rastreo con identificación por radiofrecuencia (RFID, por sus siglas en inglés), el pago electrónico y más. Estas opciones de reutilización y relleno previenen que se generen residuos en primer lugar. El "mejor" residuo es el residuo que no se genera.

## Recolección

Si no lo veo, no pienso en él. La mayoría de la gente quiere un sistema que le permita deshacerse de sus residuos rápidamente. La recolección, por lo general, es una etapa cara del proceso de gestión de residuos. Es posible vincular la economía de la recolección y el traslado de residuos plásticos con la generación de residuos por parte de consumidores a quienes, muchas veces, no les afecta el costo de gestionar plásticos y otra basura; su actitud mental puede ser: si pago por el retiro semanal del tarro de la basura, ¿por qué no llenarlo? En Estados Unidos, la falta de recolección de basura de las bermas, más comúnmente en áreas rurales, puede llevar al aumento del vertido de residuos y de basura de forma ilegal.[5] Sin embargo, la recolección de residuos en áreas urbanas también es extremadamente desafiante. Por ejemplo, en la ciudad de Nueva York solo se saca la basura en bolsas para que los camiones y sus trabajadores pasen a recogerla en las altas horas de la madrugada, a modo de evitar que perturbe la vida diaria. Dejar afuera las bolsas con basura impone desafíos, como el de los animales (ratas, por ejemplo) que se meten en la basura o los líquidos que se filtran desde las bolsas; sin embargo, la falta de espacio para contenedores de basura limita la logística. En Chile, las bolsas de basura pequeñas se cuelgan de ganchos en los postes de la electricidad o de otro tipo para que no queden sobre el piso, y los recolectores ya están acostumbrados a sacarlas de estas ubicaciones en altura. La forma de recolección varía alrededor del mundo; en muchos lugares se recolectan los materiales separados según su origen para ser reciclados y recuperados, como se discutirá en la sección de reciclaje. Pero uno de los métodos de recolección más famosos del mundo es el de Taiwán y sus camiones recolectores "musicales". Los camiones llegan diariamente a los vecindarios anunciándose con música similar a la de los camiones de helados, con temas como "Para Elisa", de Beethoven. Los miembros de la comunidad llevan la basura y el reciclaje a los camiones, donde los operadores del camión los esperan. Las personas arrojan dentro del camión para basura sus propios residuos, ya separados y puestos en bolsas. Luego, los operadores les ayudan a poner sus artículos para reciclaje, ya separados en origen, en diferentes contenedores del camión de reciclaje, con una clasificación precisa que incluye contenedores diferentes para desechos de comida cocinada o cruda. La recolección en la India puede

Figura 3. (a) Camiones "musicales", recolectores de residuos y de reciclables, en Taipei. (b) Recolección de basura separada en el origen, en Oslo. (c) Mujeres clasificando a mano la película plástica importada, en el sudeste de Asia. (d) Clasificación manual de reciclables en una tienda kabadiwalla, en India.

significar que un recolector privado de residuos, por lo general llamado "kabadiwalla", puede venir a tu casa a llevarse ciertos materiales por los que, incluso, te podría pagar (**Figura 3**). En un sector de Beijing, China, existe un sistema de recolección de residuos a pedido y de alta tecnología, como un Uber para residuos.

## Compostaje

En el proceso de compostaje, generalmente se debe contar con colonias de microorganismos que procesen el carbono biodegradable. Al igual que nosotros, los microorganismos se alimentan de material basado en carbono para obtener energía; necesitan humedad (agua) y, si son aeróbicos, respiran oxígeno. Los microorganismos de ambientes anaeróbicos procesan el carbono y producen metano. Lamentablemente, la mayoría de los plásticos son no biodegradables porque son altamente cristalinos y sus cadenas moleculares son tan largas, que dificultan o imposibilitan que los microorganismos puedan digerirlas. Los plásticos compostables requieren plantas de compostaje formales en las que sea posible generar altas temperaturas (al menos 40 °C), controlar el oxígeno y gestionar las comunidades de microorganismos más aptas para la degradación. Aunque existen algunos polímeros que se pueden compostar o biodegradar a temperaturas más bajas y que se están volviendo populares, su uso aún no es extendido y todavía necesitan ser gestionados de manera adecuada. Si no se compostan sino que se envían a un vertedero, emitirán gases de efecto invernadero, como el metano. Cuando los residuos de plástico tradicional acaban en un cúmulo para compostar, pero no se degradan, contaminan el compostaje con pedacitos de plástico.

## Reciclaje

A nivel mundial, en promedio, hemos reciclado solo alrededor del 9 % del plástico que hemos producido.[6] Cuántas veces has pensado o escuchado que alguien dice: "podría reciclar esto, pero no estoy convencido de que los artículos realmente lleguen a ser reciclados". ¿Qué origina esta desconfianza generalizada en el reciclaje? Las ciudades que se toman el trabajo de reciclar comúnmente hacen lo que pueden para que los materiales se reciclen. Comparado con la eliminación de residuos, en el reciclaje hay un potencial para ganar dinero, así que, aparte de la confianza, la mayoría está motivado por asuntos económicos. Sin embargo, el reciclaje no es la respuesta a todos nuestros problemas. Un componente clave para el reciclaje es el contexto local. Dado que los residuos se recolectan y gestionan a nivel municipal, las circunstancias locales influyen sobre lo que se puede o no reciclar y en cómo ocurre el reciclaje.

Los contenedores de reciclaje llenos de artículos mezclados (botellas, latas, cartón, papel, etc.) llegan a las plantas de recuperación diseñadas por ingenieros donde se clasifica lo que ponemos en ellos. Parte de esa clasificación se hace de forma manual. Otras veces, la separación se automatiza con métodos mecánicos, ópticos o magnéticos. En Japón y en países europeos (por ejemplo, Noruega), a menudo se cuenta con sistemas altamente especializados y de diseño complejo para recuperar materiales, aunque varios casos todavía necesitan alguna forma de separación en el origen para su recolección. En Oslo, por ejemplo, los almacenes tienen contenedores diferentes para el papel, el vidrio, los residuos domésticos y los "residuos peligrosos", así como máquinas expendedoras inversas para recibir botellas de tereftalato de polietileno (PET). En Japón, se ha informado de hasta doce categorías distintas para clasificar los residuos en los hogares, aunque la clasificación de los residuos públicos es más simple: las latas y las botellas de PET se separan de los artículos combustibles. Aunque Japón declara una tasa de reciclaje de plásticos de un 84 %, el 67 % de eso se quema para recuperación de energía en lugar de ser reciclado mecánicamente.[7] Las tecnologías de clasificación más nuevas incorporan inteligencia artificial y aprendizaje automático. El paso final en una planta recuperadora consiste en comprimir los plásticos similares (envases de leche, por ejemplo) en fardos de reciclaje del menor tamaño y la mayor densidad posibles para transportarlos de manera eficiente a una planta de procesamiento. Aquí, los fardos de reciclaje se abren, lavan y se trituran. El plástico triturado a menudo se usa para fabricar pellets similares a los elaborados durante la producción de plástico virgen, descrita en el capítulo 2. Los pellets reciclados todavía tienen su pigmentación original; por esta razón, al reciclar plásticos de varios colores, el resultado normalmente es plástico de color gris oscuro. Este proceso por lo general se denomina reciclaje mecánico.

El reciclaje de plásticos se ha convertido en un tema dentro del comercio internacional desde que la Organización Mundial del Comercio (OMC) promovió su comercialización en los años noventa y China se convirtió en el centro manufacturero mundial; sin embargo, con el tiempo el país se hartó. A fines de 2017, en China se implementaron restricciones de importación tan estrictas que se convirtieron en una prohibición a la importación de chatarra de plástico para reciclaje. Antes de esta restricción, China se hacía cargo de más de la mitad de la chatarra de plástico exportada a nivel mundial. Y la mayor parte de los materiales exportados pasaban de países de la Organización para la Cooperación y el Desarrollo

Económico (OCDE) y de altos ingresos a países no OCDE y de menores ingresos,[8] los que se encontraban agobiados con las cantidades que ingresaban, especialmente con los contaminantes que muchos países incluían en sus exportaciones. Esta prohibición provocó impactos en cascada a lo largo de toda la cadena de valor del reciclaje: las plantas recuperadoras de materiales (MRF, por sus siglas en inglés) limitaron los materiales que aceptaban o incluso cerraron durante un tiempo, y muchas personas sintieron el impacto en los basureros de sus cocinas. Otros países siguieron a China y, con el tiempo, se hizo una enmienda al Convenio de Basilea para requerir una notificación previa a la exportación de chatarra de plástico destinada a reciclaje. Y cerca de una tonelada métrica de chatarra de plástico exportada por Estados Unidos se atribuyó a fugas desde este país al medio ambiente.[9]

En general, el plástico a menudo pasa por reciclaje descendente, es decir, se recicla en artículos que no tienen el mismo uso que el uso inicial de los polímeros, y esta decisión frecuentemente es influenciada por los aditivos previos y otras restricciones químicas que dictan en qué es posible convertir el plástico reciclado. Las botellas para bebestibles pueden transformarse en botellas de nuevo, pero, en general, esto no ocurre. Las botellas plásticas normalmente se transforman en zapatos o ropa de atletismo. Las bolsas para compras y otras películas plásticas a veces se reciclan en materiales para el suelo de las terrazas al aire libre. Alrededor del mundo, las comunidades han adoptado formas creativas para el reciclaje descendente de los plásticos. En Batangas, Filipinas, donde los plásticos regularmente bañan las costas, la comunidad recolecta y clasifica los plásticos, luego los derrite y los transforma en pastelones imitación piedra, separadores de jardín y otros materiales para paisajismo. En Kenia, el plástico reciclado se transforma en ladrillos de construcción.

Actualmente, los reciclajes químico y térmico son procesos caros e intensivos en el uso de energía que no se han podido escalar. El reciclaje térmico usa calor, con o sin oxígeno, en procesos de gasificación o pirólisis, para transformar los polímeros en gases y aceites que podrían usarse para elaborar combustibles. El reciclaje químico rompe los enlaces del polímero para recuperar los monómeros que pueden volver a polimerizarse. A pesar de que el reciclaje químico permite que un monómero puro sea reutilizado, los plásticos, hechos de polímeros y aditivos, son una materia prima compleja y se deben seleccionar durante el proceso. Además, el consumo de energía requerido encarece este proceso. Mientras el desarrollo continúa, las tecnologías de reciclaje químico y térmico siguen sin tener una eficacia comprobada.

Es fácil suponer que más reciclaje, como en estos ejemplos, reduciría la contaminación ambiental por plástico. Sin embargo, eso es cierto solo si existe un valor asociado al reciclaje del material, como en el caso del aluminio y el cobre. Con el plástico, ocurre que hay demasiado, lo que reduce su valor, y es difícil de gestionar una vez que se fuga al medio ambiente.

## Vertederos

Alrededor del 79 % de los plásticos han terminado en vertederos o basurales a lo largo del mundo.[10] Actualmente, los rellenos son una de las grandes y complejas hazañas de la ingeniería. En algunos lugares, las cimas de los inmensos cúmulos eclipsan edificios y colinas naturales. En su forma más elemental, la base de un relleno es una combinación de geomembranas, un revestimiento plástico de cerca de media pulgada (alrededor de 1,27 cm) de grosor, puestas sobre arcilla. Esta capa compuesta tiene como objetivo capturar el lixiviado, denominación de cualquier líquido que fluya hacia el fondo del relleno. Similar al fondo inclinado del recipiente que contiene el café molido y crea un flujo único de café que corre hasta la taza, el sistema de revestimiento de un vertedero está inclinado hacia un lado, desde donde el lixiviado se bombea hacia afuera del relleno. No se permite que el lixiviado se infiltre en el terreno y se trata como aguas servidas. El relleno también genera gas, compuesto por alrededor de un 50 % de metano y un 50 % de dióxido de carbono; el gas se recolecta activamente mediante una red de tuberías para gas y ventiladores y, luego, se quema en una antorcha de vertedero, para convertirlo en dióxido de carbono, o se utiliza como combustible en la generación de electricidad o calor.

Los vertederos están fuertemente regulados y deben instalarse una vez realizada una exhaustiva evaluación medioambiental y geotécnica. Los plásticos pueden ser un material desafiante para un relleno, porque no se biodegradan y, por lo general, terminan en el lixiviado como microplásticos.[11] Además, las películas plásticas, como las bolsas para compras, pueden ser un problema debido a lo livianas que son, pues el viento las lleva fuera del relleno. Los rellenos pueden ser multados por arrojar basura al medio ambiente.

## Combustión

La combustión es un proceso que usa calor para quemar residuos hasta obtener ceniza y químicos volatilizados. A nivel global, el 12 % del plástico que se ha producido ha sido combustionado y ya no existe en su forma física original en nuestro planeta.[12] La combustión de plástico es un método de gestión de residuos muy controversial, lo que es comprensible. Cuando los residuos son combustionados y oxidados por la quema, se crean subproductos de la combustión. Estos compuestos químicos son liberados según la temperatura de combustión y el tipo de material quemado, además de otros factores. La quema al aire libre y descontrolada de residuos es ilegal en muchos lugares, pero es muy difícil hacer cumplir la prohibición en terrenos privados.

Y en algunos casos, la quema al aire libre es un método de "gestión" escogido en áreas más remotas del mundo. De los 2.400 millones de toneladas métricas de residuos generados globalmente, se estima que 972 millones (41 %) de residuos se quema al aire libre, tanto en ubicaciones residenciales como en basurales. La quema al aire libre crea algunos de los contaminantes del aire más peligrosos, entre ellos: material particulado muy pequeño de 10 y 2,5 micrones de tamaño (menos de un décimo del diámetro de un cabello humano), benceno, PCB y dioxina en cantidades significativas. Estas emisiones, por lo general, no se han incluido anteriormente en los informes de emisiones al aire y sus impactos sobre la salud son de gran importancia y poco comprendidos.[13] Este y otros impactos del plástico se discutirán en los capítulos 6 y 7.

La combustión industrial, con frecuencia se encuentra estrictamente regulada, porque las operaciones pueden impactar en las emisiones. La combustión industrial puede crear electricidad o calor utilizables, pero si la basura se transforma en la fuente energética de una comunidad, puede llegar a ser un incentivo para generar residuos. Esto es conocido como "alimentar a la bestia", lo que va en contra de muchos movimientos actuales para reducir las tasas de generación de residuos. Aunque la combustión de basura en un entorno controlado y supervisado reduce el volumen de los residuos en alrededor de un 90 %, todavía queda la gestión de las cenizas residuales. La ceniza capturada en el sistema de gestión del gas se denomina ceniza volante, y la ceniza que queda luego de la combustión se denomina ceniza de fondo. La ceniza es una concentración de partículas y elementos que no combustionan, como los metales, y es necesario gestionarla en un sistema de relleno. Aunque el vertedero de ceniza no debería, en teoría, crear ningún gas (todo el carbono utilizable ha sido oxidado y no debería biodegradarse), el lixiviado de ceniza puede tener muy altas concentraciones de metal. El lixiviado debe recolectarse y gestionarse en formas que protejan la salud humana y el medio ambiente.

## Resumen

La pregunta acerca de cómo gestionamos nuestros residuos plásticos es compleja, pero mientras más sabemos del proceso de gestión de residuos, más podemos trabajar con todos los actores interesados en mejorarlo. De alguna manera, gestionar nuestra basura no es tan diferente de nuestra necesidad de alejarnos de nuestros desechos corporales. Los ingenieros medioambientales han diseñados sistemas para hacer que los desechos corporales "desaparezcan" de forma relativamente rápida y fácil. Una diferencia fundamental entre los desechos corporales y los residuos plásticos es que la mayoría de los plásticos no son biodegradables, y deshacerse de ellos tan rápido como sea posible es "inútil" en el mejor de los casos, y dañino, en el peor. Las soluciones diseñadas para eliminar o reciclar plásticos crean una falsa sensación de seguridad en que podemos usar y descartar productos plásticos sin fin. Históricamente, las empresas han evitado el costo de la gestión de residuos relacionado con la gestión de residuos plásticos asociados a sus propios productos, pero la sensibilización de la opinión pública y las políticas gubernamentales, como la responsabilidad extendida del productor (REP), ofrecen una vía para cambiar esto.

CAPÍTULO 4

# El descubrimiento de los desechos plásticos

La próxima vez que vayas de paseo a un parque, lago o playa, tómate un momento para mirar a tu alrededor. Te podrías encontrar con una botella errante o con un envoltorio arrugado en el suelo o en el agua. Puede que te parezca una molestia o que sea estéticamente desagradable en medio de tu escape de los confines de la tecnología y progreso modernos. Sin embargo, la basura plástica en el medio ambiente es más que solo algo desagradable para la vista. Es un artefacto hecho por humanos que sobrevivirá muchas generaciones de excursionistas. Y, créanlo o no, el plástico no siempre estuvo en nuestros cursos de agua, en nuestros suelos o cayendo del cielo. Así es, ahora la lluvia plástica es real.

La década de los cincuenta trajo consigo la era de la fabricación de plástico a gran escala, en conjunto con un esfuerzo mínimo en la gestión de los desechos plásticos asociados. Este aumento en la producción llevó a un incremento en el plástico no solo en nuestros vertederos, sino también en nuestros caminos, aceras, parques nacionales y cursos de agua. A diferencia de una manzana, que toma unos días en descomponerse, algunos plásticos ahora pueden mantener su forma por cientos de años. Lamentablemente, era poco probable que aquellos que fabricaban plástico o el público general que utilizaba estos productos en los primeros años estuviesen conscientes del tiempo real que estos plásticos pueden perdurar en estos entornos. Lo anterior significa que los plásticos fueron tratados como cualquier otro desecho, y podían terminar como basura en cualquier entorno. Por lo tanto, tomó varios años para que las organizaciones y los científicos empezaran a notar la acumulación de plástico en el medio ambiente.

En 1956, una organización conocida como Keep America Beautiful comenzó a hacer campañas de relaciones públicas en Estados Unidos para evitar que la gente arrojase basura en la naturaleza. En 1971, se descubrieron fragmentos plásticos en la superficie del Mar de los Sargazos. Con el tiempo, la investigación empezó lentamente a registrar contaminación plástica en la superficie del océano, en la línea costera y en el fondo marino. Mientras que la basura en los caminos era una preocupación común del pueblo estadounidense, la indignación por el plástico en el entorno marino se volvió mucho más prominente. Esto podría deberse a la idea de que lo que uno normalmente se encuentra caminando por la calle es algo que se utiliza comúnmente en esa área. No obstante, los desechos plásticos en los cursos de agua pueden viajar mayores distancias y llegar a nuevos lugares. Y dado que se sabe que el océano es una batidora gigante, aun en los lugares remotos como en las Islas Midway, unas islas abandonadas en el medio del mar, ahora se puede encontrar basura internacional. Como tal, la idea de que la basura local entra en contacto con un entorno global y con personas que quizás nunca generaron este desecho se volvió problemática. Además, las imágenes asociadas con el daño causado por el plástico a los animales marinos como tortugas, ballenas y aves marinas calaron profundo en el corazón de la gente (capítulo 6).

El grupo Ocean Conservancy (conocido anteriormente como Center for Marine Conservation) organizó la primera Limpieza Costera Internacional en 1986.[1] Usualmente, en las primeras limpiezas se recolectaban fragmentos de plástico y plumavit en las costas: tasas plásticas; cucharas, tenedores y bombillas de plástico; latas de bebida; vasos de plumavit; y botellas de vidrio. No obstante, nos tomó un tiempo darnos cuenta de que los desechos no se acumulan principalmente en las costas. En 1997, el capitán Charles Moore descubrió una "gran isla de basura" en la superficie del Océano Pacífico sur. Muchos de ustedes probablemente habrán escuchado de la gran isla de basura; sin embargo, la imagen que puedes tener en tu cabeza es con frecuencia la de una isla de desperdicios sobre la cual es posible caminar y construir un pequeño hogar. Sin embargo, la gran isla de basura no es una masa transitable. En realidad, se trata de un lugar en el Giro del Pacífico Norte en donde se tiende a acumular plásticos y otros desperdicios flotantes, que incluyen redes de pesca, los que se han erosionado y fragmentado en piezas más pequeñas. Kilómetros de desechos y plástico flotantes pueden converger en los frentes oceánicos, que es el punto donde se encuentran dos corrientes.[2] Tomó cerca de dos décadas para que los científicos pudiesen empezar a predecir la cantidad total de plástico utilizado y abandonado en el medio ambiente (capítulos 1 y 2).

Cada nuevo hallazgo de desechos plásticos en nuestro medio ambiente ha llevado a la aparición de organizaciones, entidades sin fines de lucro y campañas enfocadas en la investigación, la limpieza y la remediación de los desechos plásticos que están en el océano. Además de las actividades de voluntariado para limpiar los desechos a los costados de los caminos y en los parques nacionales, hay campañas, organizaciones sin fines de lucro e influencers de redes sociales dedicados a remover los desechos plásticos de playas y costas. Como resultado, los desechos más comunes que se encuentran en las playas han cambiado. Para el 2017, la mayoría de estos artículos durante la limpieza costera internacional eran plásticos. Lo que se encontró no era solo plásticos usados comúnmente en el hogar, sino también plásticos de un solo uso. Los principales ejemplos incluían colillas de cigarrillo (los filtros están hechos de plástico), envoltorios de comida, contenedores plásticos de bebidas, tapas plásticas de botellas, bolsas plásticas de supermercado, otras bolsas plásticas, bombillas y agitadores, contenedores plásticos de comida, tapas plásticas y contenedores de plumavit. Algunos de los plásticos que ahora se encuentran con menor frecuencia en las playas comprenden portahilos dentales, aplicadores de tampón, parches curitas y pellets de plástico de preproducción. Sin embargo, los artículos de desechos más comunes producidos por humanos en las costas en la actualidad son plásticos que pueden ser tan pequeños como un grano de arena. En 2005, esta clase de plástico fue denominada como microplásticos por doctor Richard Thompson, connotado investigador de plásticos.

Los microplásticos son trozos de plástico más pequeños que la goma de borrar de un lápiz (5 milímetros) que pueden ser fabricados intencionalmente en esos rangos de tamaño (microplásticos primarios) o pueden provenir de desechos plásticos más grandes que se han fragmentado (microplásticos secundarios). Los nanoplásticos corresponden a un rango aún menor de plásticos descubierto, dado que miden usualmente menos de 1 micrómetro y llegan a casi 1 nanómetro (un micrómetro es cerca de una centésima del ancho de un cabello humano, y un nanómetro es una milésima del ancho de un micrómetro). Los microplásticos primarios incluyen microperlas en los productos de limpieza corporal, pinturas industriales, pellets de preproducción y brillantina. La fuente más común de liberación de microplásticos secundarios son nuestros propios hogares. Las fibras de microplásticos (microfibras) son microplásticos enlazados cilíndricamente que se pueden encontrar en nuestra ropa, alfombras, muebles y toallitas desechables. Cada vez que interactuamos con estos textiles sintéticos o con otros productos de plástico, ocurre alguna forma de caída o liberación de microfibras/microplásticos (por ejemplo, al mascar bombillas, lavar ropa o contenedores de plástico, al aspirar alfombras, etc.). Hasta el polvo interno y externo contiene una pequeña fracción de microplásticos y microfibras. No fue sino hasta el año 2010 que los científicos midieron los microplásticos en el medio ambiente externo de forma cuantitativa.[3] Sin embargo, para el 2014 los modelos habían predicho que cerca de 5 trillones de microplásticos flotaban en la superficie del océáno.[4] Los microplásticos ahora han despertado mucho escrutinio público, debido a que estas pequeñas partículas han sido encontradas en los puntos más altos sobre el nivel del mar (Monte Everest),[5] en la parte más profunda de la tierra (Fosa de las Marianas)[6] y hasta en las islas más remotas del mundo (Isla Henderson).

En la actualidad, no hay ningún plan de gobierno para mitigar los microplásticos que fluyen hasta nuestro entorno. La forma involuntaria con la que lidiamos con los microplásticos es una especie de juego de sillas musicales. Cuando lavamos nuestra ropa o cuando se tira una toalla sintética al inodoro, millones de pequeñas microfibras ingresan en nuestros sistemas de tratamiento de aguas. Estas plantas de tratamiento usualmente pueden remover hasta un 97 % de las microfibras en la solución. Sin embargo, hasta una fracción tan pequeña como 3 % de las microfibras significa que se libera una cantidad relativamente grande a nuestras aguas receptoras, tales como ríos y lagos.[7]

Sumado a esto, estas microfibras que se retiran en nuestros procesos de tratamientos de aguas se podrían juntar con otros desechos biológicos (lodo) y ser utilizadas de forma común como fertilizante en nuestra agricultura. Esto plantea un problema, porque estas microfibras pueden luego ser liberadas nuevamente en entornos acuáticos después de que las lluvias causen que se liberen hacia el torrente de escorrentía pluvial. Esto se traduce en que la comida que consumimos se cultiva en suelos cubiertos por una capa de plásticos y mezclados con una abundancia de microplásticos. Incluso los microplásticos recolectados del entorno o de las plantas de tratamiento de agua se depositan en vertederos. El plástico en el vertedero se puede fragmentar en microplásticos en el lixiviado de vertedero, desde donde se transporta hacia una planta de tratamiento de aguas servidas y continúa con el ciclo de los microplásticos viajeros.

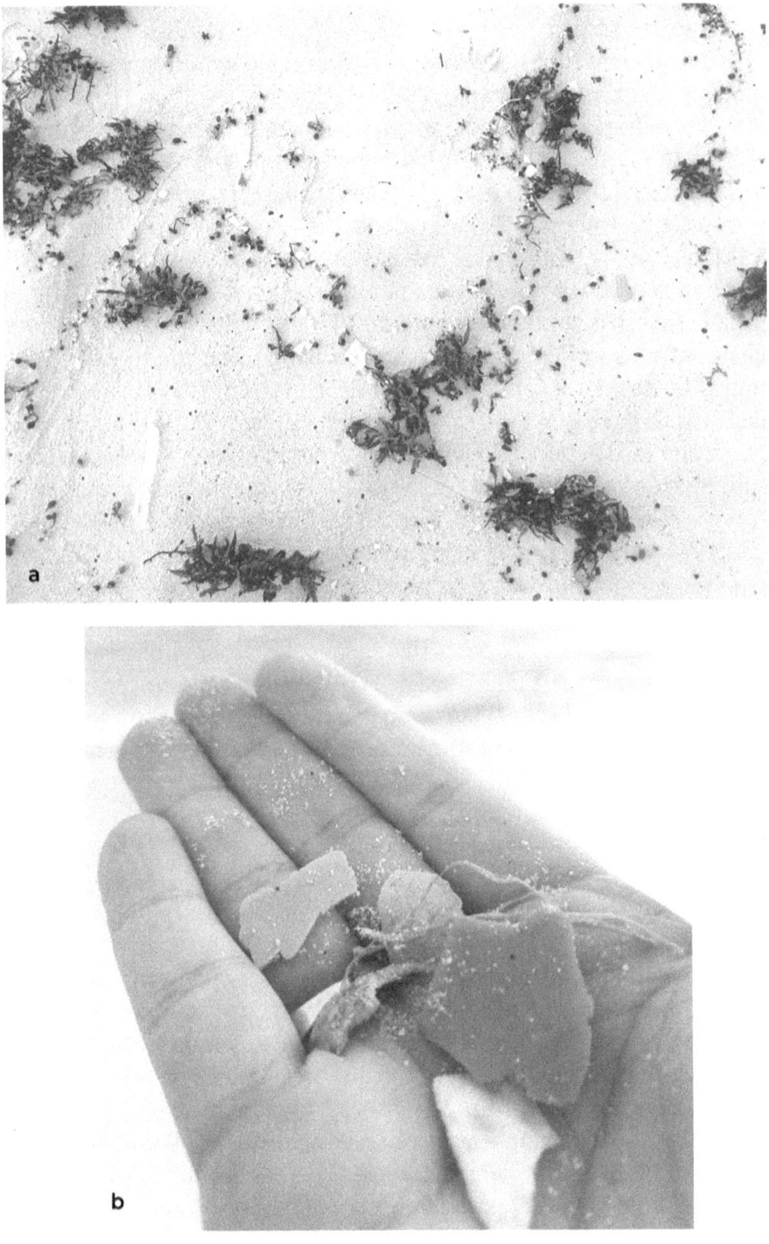

Figura 4. (a) Microplástico que ha llegado a la orilla de la costa de una playa en Bermuda. (b) Acercamiento a desechos plásticos en la costa.

Determinar el destino de los plásticos en el medio ambiente puede ser difícil, porque todo se reduce a si flotan, fluyen o se hunden. Los principios básicos que determinan esta respuesta dependen de las propiedades materiales del plástico y de su tamaño. Las partículas livianas y pequeñas, tales como los microplásticos y las microfibras, pueden flotar fácilmente en la superficie del agua o ser arrastradas por corrientes de aire locales y mundiales. Por ejemplo, el rocío marino libera 136.000 toneladas de microplásticos al año en las costas y en el aire.[8] Estos microplásticos que han estado suspendidos en el aire pueden viajar regionalmente (fragmentos) o incluso mundialmente (fibras). Los Parques Occidentales de los Estados Unidos han previsto en la actualidad que cerca de 1.000 toneladas de microplásticos al año se depositan en áreas salvajes remotas a través de la lluvia y las precipitaciones secas.[9] La acumulación de partículas más pequeñas de plástico y el crecimiento microbiano en la superficie de los polímeros hará que los desechos se vuelvan más pesados. Este cambio en el peso significa que el plástico se puede hundir y abandonar las aguas superficiales para asentarse en aguas más profundas y en el sedimento subyacente. La presencia de microplásticos en la forma de nieve marina vuelve al océano un gran orbe de nieve. Los desechos plásticos más grandes y densos tienen mayores probabilidades de hundirse y de mantenerse más cerca de la fuente inicial de eliminación. La determinación de la densidad de un plástico se relaciona con su tipo de polímero: los plásticos de poliestireno (0,96-1,05 gramos por centímetro cúbico) son similares al hielo flotante (0,9 gramos por centímetro cúbico) y son mucho más livianos que los plásticos de cloruro de polivinilo (1,1-1,35 gramos por centímetro cúbico) en el agua.

El plástico interactúa con su entorno circundante sin importar la ubicación del material, sea en el aire, el agua o el suelo. El plástico puede ser degradado químicamente por el agua, el aire y la exposición a los rayos ultravioleta, que oxidan la superficie del polímero y crean reacciones en cadena que fragmentan la cadena de polímeros. La degradación física de estos materiales se puede apreciar día a día en las bolsas plásticas, las que se vuelven frágiles y se quiebran al menor contacto, en las olas que impactan a las botellas de agua que se abandonan en la playa y en las llantas de nuestros autos al perder la banda de rodadura. La muestra más evidente del deterioro del plástico se puede ver en las sillas de exterior blancas y verde oscuro cuando se dejan afuera mucho tiempo, puesto que empiezan a perder su color, se vuelven amarillas, forman grietas y con el tiempo ceden cuando nos sentamos en ellas. La degradación de estos polímeros exacerba la liberación de fragmentos plásticos y químicos asociados con el plástico en los sistemas medioambientales.

CAPÍTULO 5

# Químicos en el plástico y asociados con este

Todos sabemos que, si combinamos mantequilla, huevos, harina, extracto de vainilla, polvo de hornear, sal y chips de chocolate podemos hacer unas deliciosas galletas. Sin embargo, ¿sabías que hacer una galleta de chips de chocolate es muy similar a fabricar plástico? Los ingredientes clave añadidos al plástico lo hacen tener una apariencia y sabor (sí, algunos organismos pueden notar diferencias en el sabor de los plásticos) distintos. Algunos ingredientes comunes en el plástico incluyen los monómeros, los catalizadores, los lubricantes, los retardantes de llama, los biocidas, los inhibidores de UV y los antioxidantes.[1] Los componentes básicos del plástico, los monómeros, son como la harina, el azúcar y el huevo que reaccionan y se moldean juntos en los procesos de calentamiento. Los químicos retardantes de llama son similares al polvo de hornear. Los surfactantes son como la mantequilla y los aceites, que se le añaden al polímero para evitar que se pegue mientras se prepara. Los plastificantes son como el agua que se añade a una galleta, y hacen al polímero más flexible y elástico. Los tintes y colorantes que se añaden al plástico vuelven al polímero estéticamente agradable, de la misma forma en que se añaden chips o polvo de chocolate a una galleta. Los biocidas se agregan al plástico para evitar que los organismos microbianos crezcan en la superficie del plástico (similar a la forma en que se añaden pasas para evitar que las personas disfruten de una rica galleta de chips de chocolate).

Las primeras formulaciones de plásticos producidas no eran tan estables como los productos con los que interactuamos en la actualidad. Algunos plásticos, como la baquelita, se deshacían fácilmente si eran expuestos al agua caliente. Algunos se empezaban a quemar. Otros eran demasiado rígidos como para hacer algo con ellos. Muchos sencillamente no tenían una apariencia agradable. Los museos de historia que preservan y exhiben artefactos plásticos de los primeros años del siglo XX usan tecnología de espectroscopía Raman y de espectroscopía de infrarrojos por transformada de Fourier para identificar los tipos de polímeros y proporcionar cuidado especializado en la mantención de la integridad de los artefactos. Los métodos más comunes para proteger los artefactos de plásticos viejos incluyen mantenerlos en un ambiente fresco, seco, oscuro y a veces sin oxígeno. Algunos museos ahora están experimentando con aplicar "filtros solares" químicos a artículos que tienen que estar en muestrarios iluminados.[2] No obstante, los plásticos hoy en día tienen una variedad de químicos incorporados dentro del polímero y en la superficie para ayudar con la funcionalidad, la estética y la longevidad del material. Ahora, los materiales plásticos pueden ser tan flexibles como una bombilla dúctil, tan duraderos como una tubería de agua, tan resistentes al desgaste como un par de pantalones de yoga y tan estéticamente agradables como la brillantina.

Todos los químicos se utilizan para un propósito particular y pueden variar levemente para crear un producto distinto. Los ejemplos incluyen usar una estructura química distinta que sea más ecológica y que pueda tener la misma función en el producto como una versión previa, agregando otros colorantes a la paleta de colores del producto o nuevos químicos para protegerlo de la exposición constante a la luz del sol. Como tal, aun cuando un plástico se clasifica como polipropileno, no significa que sea exactamente el mismo producto que otro polipropileno, porque diferentes compañías usan distintas sustancias para procesar y proteger ese plástico durante su uso. La información completa sobre la cantidad y el tipo de los químicos utilizados en un producto individual se resguardan como información comercial confidencial. Las listas de ingredientes privatizados crean un problemático círculo vicioso aislado y continuo, porque cada compañía competidora tiene una receta distinta para hacer el mismo producto, lo que lleva a muchos tipos de químicos asociados con los plásticos.

En el comercio de químicos, hay cerca de 350.000 sustancias registradas a nivel mundial. Muchos químicos se utilizan en la agricultura, en la fabricación de automóviles y en productos de cuidado personal, entre otros. Sin embargo, alrededor de 10.000 se usan para hacer plásticos tanto sintéticos como biobasados.[3] En comparación a materiales similares, el número de entidades asociadas con plásticos comprenden una parte considerable del comercio de químicos: papel (5 %) > plásticos (3 %) > madera (1 %) > textiles (0,3 %). Si consideramos la cantidad total del material producido, 22 % de los 820 millones de toneladas de demanda mundial de químicos al año se utiliza para monómeros de plásticos, y un 2,2 % se usa para aditivos plásticos, tales como los plastificantes. El vasto número y volumen de producción de estas sustancias pone en relieve su importancia para la producción de los productos plásticos que vemos y usamos hoy en día.

Esta primera incursión en la complejidad química del plástico se puede ver en el compendio bibliográfico sobre aditivos plásticos publicado en 1975 por Deanin. Deanin definió los aditivos plásticos bajo la categoría de "fibras reforzantes, material de relleno y agentes de acoplamiento; plastificantes; colorantes: estabilizadores (estabilizadores de halógeno, antioxidantes, absorbentes ultravioleta y preservativos biológicos); sustancias auxiliares (lubricantes, otros y controles de flujo); retardantes de llama; peróxidos; y antiestáticos."[4] Durante las siguientes décadas, la categorización de estos químicos evolucionó. Los químicos asociados con plásticos han sido definidos como 1) sustancias auxiliares en la producción y fabricación de plásticos, 2) aditivos plásticos y 3) contaminantes y degradantes de producción o medioambientales.

Las sustancias auxiliares incluyen, por ejemplo, a los lubricantes. Los lubricantes son compuestos cerosos o grasosos que se pueden aplicar a las partes de una máquina y al exterior o interior del polímero para ayudar con el proceso de moldeo una vez que la temperatura supera su estado de transición a vidrio. Estos compuestos lubricantes tienen el beneficio agregado de volver un artículo de plástico, tal como un tubo de cloruro de polivinilo, parecer más parejo en la superficie, y ayudan a distribuir de mejor manera los aditivos plásticos como el material de relleno y los colorantes en el polímero. Los lubricantes comprenden de 0,5 % a 4 % del peso del polímero en el cloruro de polivinilo. En vez de lubricantes derivados de grasa, las poliolefinas como el polietileno usan sustancias auxiliares como los fluoroelastómeros, que se incorporan para prevenir la fracturación del polímero mientras que se derrite a alta temperatura. Generalmente, las sustancias auxiliares son compuestos que se utilizan durante el proceso de fundición y moldeo del producto plástico. No obstante, cuando se reciclan materiales plásticos para crear nuevos productos, se añaden sustancias auxiliares y aditivos de polímeros adicionales.

Los aditivos plásticos, también llamados aditivos funcionales, se utilizan para mejorar el plástico, pues cumplen funciones específicas para el polímero. Las familias prominentes son los rellenos, los estabilizadores, los plastificantes, los retardantes de llama, los colorantes, los agentes antiestáticos y los agentes espumantes. Todas estas clases de compuestos cumplen funciones para los polímeros: el material de relleno fortalece el material; los retardantes de llama ofrecen resistencia contra el fuego; los estabilizadores, tales como los antioxidantes, evitan que la superficie del plástico se desgaste y se ponga amarilla; los colorantes tiñen el material; los plastificantes aumentan la flexibilidad; y los agentes antiestáticos reducen la posibilidad de recibir una descarga de electricidad estática cuando se entra en contacto con el producto. Aunque estas son algunas de las clases más importantes de aditivos para polímeros, muchas otras sustancias se utilizan en volúmenes de producción menores que también son igualmente importantes para crear los productos finales que vemos hoy en día. Por ejemplo, los adhesivos mantienen unidas las angostas películas de múltiples capas que se utilizan en productos tales como el paquete de tus papitas favoritas y en las bolsitas de salsas. Mientras que cada compuesto dentro del plástico cumple usualmente una sola función, algunos químicos pueden cumplir varias. Por ejemplo, el bisfenol A, conocido como BPA, es un antioxidante en plásticos y sirve como un monómero en la fabricación de plásticos epoxi y policarbonatos.[5] En general, las fórmulas exactas que indican los químicos y las cantidades para fabricar cada plástico no están disponibles al público, porque están patentadas. Sin embargo, sabemos que los aditivos pueden corresponder hasta el 7 % del peso del polímero.

Las sustancias añadidas no intencionalmente, o NIAS por sus siglas en inglés, son precisamente lo que su nombre sugiere. Se trata de químicos que se incorporan al plástico de forma involuntaria. Esto incluye impurezas, degradación de otros compuestos usados en la fabricación de plástico, monómeros residuales y cualquier otra cosa que pueda estar presente[6]. Si volvemos al ejemplo de la galleta, las NIAS son como encontrar grumos de harina, mantequilla vencida y hasta un pelo en una galleta. Estos compuestos son desafiantes porque posteriormente se vuelve difícil rastrear la fuente de contaminación o las concentraciones dentro del plástico cuando nadie informa la presencia de una impureza en un producto, sin mencionar que algunas compañías ni siquiera saben que tienen este problema. Además, una vez que el plástico se recicla para crear un nuevo artículo, los químicos previos asociados con el objeto original ahora son añadidos como sustancias no intencionales en el nuevo producto plástico, y se mezclan con sustancias auxiliares y aditivos de polímeros.[7] Como se trata de una clase sustancias que en general no ha sido bien estudiada y su complejidad aumentará, las NIAS formarán parte esencial del debate sobre las evaluaciones de riesgo futuras del plástico.

Otro grupo de químicos asociados involuntariamente con el posprocesamiento y fabricación del producto plástico son los contaminantes medioambientales sorbidos. Conocidos comúnmente como químicos orgánicos hidrofóbicos, estos contaminantes son químicos que preferentemente se adhieren a sustancias sólidas, como los plásticos en el entorno. Este proceso de sorción es similar a la forma como las manchas de salsa de tomate se adhieren a los contenedores de comida, o cómo el sabor de una galleta que ha sido dejada en el refrigerador mucho tiempo empieza a tener sabor a refrigerador. Los ejemplos de estos tipos de químicos incluyen farmacéuticos, pesticidas, hidrocarbonos poliaromáticos, bifenilos policlorados, etc. Aunque algunos de estos compuestos sorbidos incluyen sustancias químicas heredadas que ya hace mucho están prohibidas en la producción, la desorción de la sustancia química del plástico a un entorno líquido, sólido o gas se vuelve compleja, en conjunto con la degradación general de la sustancia.

Sin embargo, las sustancias químicas asociadas con el plástico durante el procesamiento tienen una alta probabilidad de abandonar el plástico en el momento en que se hace, porque no están unidas físicamente al material. Estas pueden ser emitidas al aire mediante vaporización, lo que es similar al aroma a auto nuevo que se siente al abrir un paquete nuevo o al comprar llantas nuevas. También pueden migrar a sólidos o líquidos, como nuestros alimentos y el agua. Los periodos de tiempo de la liberación de químicos pueden ir de años a miles de millones de años[8]. Las tasas de liberación de cada químico dependen de las propiedades químicas, las propiedades materiales y el entorno local que rodea al material que contiene al químico. Los químicos más cercanos a la superficie tienen más probabilidad de desprenderse en comparación con aquellos que están más profundo dentro del polímero.

Los químicos que son más polares y menos voluminosos en estructura, y con un peso molecular pequeño y bajo, tienden a tener un tiempo de liberación más breve en el agua. Los plásticos que son como queso suizo suelen tener más poros y espacios libres dentro de ellos, lo que los vuelve más elásticos y amorfos. Estos grandes espacios forman conductos más accesibles a través de los cuales los químicos pueden escapar. La liberación acelerada causada por factores ambientales se puede apreciar mejor en las capas superficiales de sólidos y del agua, gracias a la luz ultravioleta extendida, la temperatura, la abundancia de organismos biológicos, etc. A medida que más químicos abandonan el polímero debido a la degradación ambiental, el plástico se vuelve más frágil y desgastado. Este proceso cíclico crea nuevas grietas y expande las rutas para que más químicos se desprendan del polímero.

A medida que los químicos son liberados, también pueden sufrir transformaciones basadas en las condiciones ambientales. La transformación química puede ocurrir por la exposición a calor, luz, aire, agua u organismos biológicos. Estos procesos usualmente causan la adición de oxígeno o agua, y pueden fragmentar la cadena química o de polímero, lo que lleva a la pérdida de monómeros. Algunos de estos químicos, como los compuestos perfluorados, pueden persistir por largos periodos en el entorno y acumularse en el suelo o en los depósitos de grasa corporal de los organismos. La liberación, ocurrencia y transformación de estos químicos pone en tela de juicio el potencial de estos compuestos de ser sustancias tóxicas antes, durante y después del uso del plástico.

CAPÍTULO 6

# Los impactos medioambientales del plástico

Los plásticos se consideran una entidad nueva en nuestro planeta, dado que son antropogénicos y solo han existido por un breve periodo en la escala de tiempo geológico. Se han liberado desechos de plástico en sus escalas de tamaño macro, micro y nano a lo largo del mundo, los que han recorrido casi todo el planeta. Este movimiento de desechos plásticos ha llevado a la acumulación de componentes químicos y biológicos en una superficie de polímeros, a la vez libera contaminantes asociados con polímeros en el entorno circundante. Debido a la magnitud y la escala de la contaminación mundial por plásticos, ya no es posible la recuperación del plástico, porque es imposible rescatar todo el plástico o los químicos asociados producidos desde principios del siglo XX. Dada esta omnipresencia en el medio ambiente y la disrupción a gran escala todavía desconocida que produce en organismos y procesos geofísicos, la contaminación por plásticos se considera como una posible amenaza para los límites del planeta.[1] Para explorar el impacto que la contaminación por plásticos tiene en el planeta, es vital comprender la influencia del plástico en las poblaciones de vida silvestre, la calidad del aire ambiental y del agua, y en los procesos biogeológicos (Figura 5).

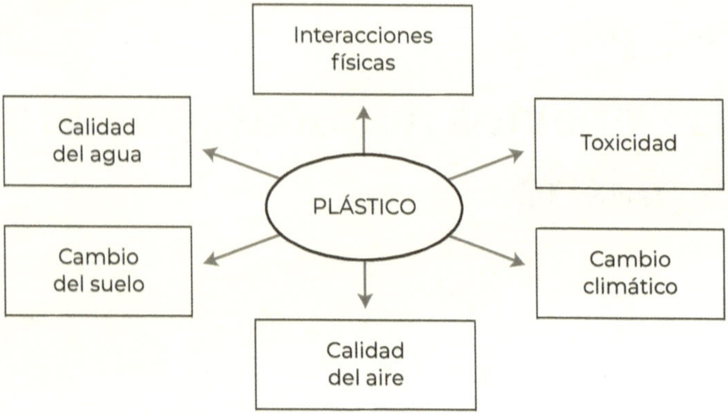


Figura 5. Diagrama de las distintas formas en que los plásticos pueden interactuar con el medio ambiente.

## Interacciones con la vida silvestre

Los medios e incluso las campañas de contaminación por plásticos por lo general usan imágenes para expresar el impacto físico que tiene la contaminación plástica en la vida silvestre. Los videos icónicos incluyen a buenos samaritanos sacando una bombilla plástica desechable de la nariz de una tortuga, liberando aves de redes de pesca, sacando bolsas de plástico del cuello de un lobo marino o cortando un anillo de plástico de un paquete de seis cervezas adherido a la boca de un delfín. Lamentablemente, debido a la gran cantidad de plásticos en el medio ambiente, cada vez se observan más instancias de vida silvestre enredada en cuerdas, redes, líneas de pesca y otros desechos de este material. Los aparejos de pesca abandonados, tales como redes, trampas e hilos, capturan a los peces y a otra fauna marina. Las heridas comunes que provoca enredarse con desechos plásticos incluyen movilidad limitada, cicatrices, estrangulación, pérdida de extremidades y, a veces, hasta la muerte. La pérdida de la biodiversidad marina daña la dinámica poblacional y la red alimentaria, y puede llevar a una reducción de poblaciones de peces vitales para las industrias y comunidades pesqueras que dependen predominantemente de peces para su sustento.

Se ha observado a la vida marina usando los desechos de plásticos en sus hábitats. Hay aves que han creado nidos con bolsas y redes plásticas para aislar los nuevos huevos antes de que eclosionen. Se han observado nuevos hábitats para las especies marinas debajo de muelles plásticos marinos que alojan especies de cirrípedos, algas, microbios y comunidades piscícolas. Sin embargo, aunque los desechos de plástico pueden crear nuevos hábitats, también pueden destruirlos. Los fitoplánctones y los arrecifes de coral han sufrido pérdidas de hábitat y desplazamientos debido a las partículas y desechos plásticos que cubren la superficie del océano y previenen la fotosíntesis, una función necesaria para que puedan seguir viviendo. Las comunidades marinas o microbianas también se pueden adherir a las superficies plásticas flotantes lo suficiente como para viajar con las corrientes a nuevas locaciones del mundo. El movimiento a gran escala de desechos marinos no solo desplaza a los organismos, sino que también introduce estas especies como invasivas respecto de los nuevos entornos que habitan.

La primera vez que se grabó la interacción de un organismo con plástico fue en 1969, cuando se observaron aves marinas ingiriendo plástico.[2] Muchas décadas y artículos de investigación después, se ha registrado consumo de plástico en 1.288 especies marinas y 277 especies terrestres y de agua dulce.[3] Incluso hoy en día, las familias les dan a sus mascotas, sean perros, gatos o aves, coloridos y brillantes juguetes de plástico para que mastiquen y que, a veces, también consumen por accidente. Lo que se propone es que la ingesta de plástico por parte de la vida silvestre ocurre si el plástico se encuentra en el medio ambiente, el animal está hambriento o le falta alguna forma de nutrición, o su presa se parece al plástico. Un ejemplo de eso son las tortugas bobas, que a veces confunden las bolsas plásticas con medusas. Las aves buscan los plásticos debido a la variedad de colores que presentan, como se evidencia en su atracción por las tapas de bebida.

Además, los químicos liberados por estos plásticos pueden tener un impacto en las señales sensoriales y llevar a una mayor atracción por parte de un organismo hacia el plástico. Se ha observado a cangrejos ermitaños y anémonas de mar consumir plásticos tales como goma de mascar hasta que se le acaba el "sabor". Las comunidades microbianas utilizan los nutrientes químicos en las superficies del plástico como una fuente de energía, y prefieren el plástico desgastado para formar grandes congregaciones en la superficie del polímero. Estas colonias también pueden envolver la superficie de las partículas de plástico más pequeñas, lo que lleva a la formación de biocoronas. Esta bioincrustación altera las interacciones biológicas del plástico con otros organismos, tales como los erizos de mar. Esta relación con el plástico lleva con el tiempo a la mineralización y posterior biodegradación del plástico en fragmentos y microplásticos. Sin embargo, para continuar este ciclo de consumo, el crecimiento microbiano puede, a su vez, servir de señal a organismos más grandes para que consuman el plástico.

Las implicaciones de la ingesta de plástico incluyen la dilución nutricional en el intestino, debido a que los organismos ya no consumen los nutrientes típicos que consumirían sin el plástico en sus dietas. La dilución dietética se define como animales con plástico en sus estómagos que consumen cantidades más pequeñas de comida o comen con menos frecuencia que los animales que no han consumido plástico. Esto puede dar como resultado un menor volumen intestinal disponible para alimentos, y que el hambre y la saciedad se vean afectados por el plástico. Sumado a lo anterior y dependiendo del tamaño del desecho plástico, la ingesta puede causar asfixia u obstrucción del tracto gastrointestinal. Se ha observado un aumento en las tasas de mortalidad relacionadas con el consumo de plástico en elefantes que comen plástico en vertederos[4] y camellos que acumulan plástico en sus "polibezoares".[5] Si te estás preguntando que es un polibezoar, se trata de una suerte de goma de mascar que te comiste de niño y que tu mamá te dijo que nunca iba a salir de tu tracto digestivo en una sola pieza (P.S. la mayoría de esa goma de mascar también es plástico).

El tamaño de las partículas determina la absorción, la retención del cuerpo y el efecto que tiene el plástico en el organismo. Los fragmentos de plástico, cuando son increíblemente pequeños, pueden ser ingeridos e inhalados del aire. Si la partícula se encuentra en el rango de tamaño de los nanómetros, como es el caso de un nanoplástico, sería lo suficiente pequeña como para emigrar a nuestro flujo sanguíneo y acumularse en diferentes tejidos. El daño que puede causar por su tamaño difiere según la ubicación en el cuerpo. Los nanoplásticos pueden aumentar la inflamación y el estrés oxidativo. Los microplásticos en el hígado pueden aumentar el estrés oxidativo y los trastornos del metabolismo lipídico. No obstante, tanto los microplásticos como los nanoplásticos tienen el potencial de inducir neurotoxicidad, reducir la expresión genética y disminuir la salud reproductiva.[6]

## La toxicidad química

En el capítulo 5, revelamos que se agregan químicos y materiales a un polímero para mejorar las propiedades del producto deseado, y que los plásticos pueden liberar estas sustancias en varias matrices ambientales y biológicas. Los químicos que se liberan desde el plástico desgastados pueden, en potencia, ser peligros ecotoxicológicos, lo que incluye agentes tóxicos cancerígenos, persistentes, mutagénicos, bioacumulativos, disruptores endocrinos o acuáticos, así como agentes neurotóxicos.[7]

Un caso de estudio típico del daño causado por los químicos asociados a polímeros en la vida silvestre es el análisis del químico Bisfenol A, también llamado BPA. El BPA es un monómero y antioxidante utilizado en plásticos que se ha demostrado que imita o bloquea las hormonas de un cuerpo. El BPA ha probado ser capaz de desprenderse del plástico hacia varias matrices ambientales, y se ve exacerbado por la degradación de productos plásticos, tales como contenedores de comida y bebida. Se ha detectado BPA en aguas servidas, aguas marinas y dulces, biosólidos, lixiviados de vertedero, suelos y la atmósfera. Además, se ha encontrado en estudios de animales que altas concentraciones de BPA han tenido un impacto en el desarrollo sexual y neural de los mamíferos, aves, anfibios, reptiles acuáticos y peces. Algunos efectos incluyen la reducción de la atracción hacia una pareja del sexo opuesto, reversión sexual de macho a hembra y una menor calidad de esperma.[8] Dado que muchos de estos hallazgos y del interés público, muchas empresas han eliminado el BPA del plástico que usan en sus productos e incluyen la etiqueta "No contiene BPA".

Dependiendo de los químicos asociados con el plástico, el intestino es un entorno mucho más favorable energéticamente para la liberación de estos químicos en comparación con el agua, donde el plástico puede haber estado flotando antes de su ingesta. Por ejemplo, se ha encontrado la presencia de nonilfenol y triclosán, asociados con el consumo de microplásticos, dentro de los tejidos intestinales de los gusanos de arena después de la ingesta. Esos gusanos de arena eventualmente tuvieron una capacidad reducida para eliminar bacterias patogénicas, una menor habilidad para preparar sedimentos y una mayor mortalidad.[9] También se ha descubierto que la ingesta de plástico aumenta las concentraciones de metales en el hígado, tales como aluminio (Al), manganeso (Mn), hierro (Fe), cobalto (Co), cobre (Cu) y zinc (Zn) en el pato petrel picofino.[10]

Las bases de datos han encontrado que 68 de 906 químicos probablemente usados en envoltorios de plástico se clasifican como peligros ambientales, y 34 de los 906 se conocen como químicos con potencial de alterar el sistema endocrino, tales como el BPA.[11] Sin embargo, todavía la mayoría de los químicos asociados con polímeros no han sido sometidos a las pruebas suficientes para evaluar su posible toxicidad. También hay preocupación sobre la toxicidad de las mezclas químicas liberadas desde los polímeros y causadas por efectos aditivos, sinérgicos o antagónicos. Los estudios de laboratorio han encontrado algunos extractos de plástico en productos para el consumidor que pueden inducir a una respuesta tóxica como mezcla química. Los extractos de poliuretano y de cloruro de polivinilo son los tipos de plástico más tóxicos, y contienen desde cientos a miles de químicos. Incluso se ha demostrado que ciertos extractos de bioplásticos contienen mezclas complejas de químicos que pueden causar estrés oxidativo, toxicidad de línea base, antiandrogenicidad y estrogenicidad.[12] En el medio ambiente, es más difícil determinar el impacto ambiental en las especies de las mezclas químicas que ya están presentes y aquellas mezclas que son liberadas por los plásticos.

Al igual que los químicos colocados intencionalmente en los plásticos, los productos de transformación ambiental de estos químicos tienen el potencial de ser nocivos. Por ejemplo, un químico conocido como 6PPD (N-(1,3-dimetilbutil) -*N'*-fenil-*p*-fenilendiamina) se utiliza en la producción de neumáticos como antioxidantes para evitar que el plástico forme grietas y se desgaste al exponerse al aire. No obstante, las partículas que se desprenden al desgastarse la banda de rodamiento de los neumáticos se acumulan al costado de los caminos, y llegan a nuestras corrientes de agua dulce y lagos durante las tormentas. La presencia de restos de neumáticos en el medio ambiente tiene como resultado la liberación de 6PPD y la transformación del medio ambiente mediante la ozonización en la 6PPD-quinona. Este compuesto, la 6PPD-quinona, ha sido vinculado directamente a la toxicidad aguda y muerte del salmón coho en la costa noroeste de Estados Unidos debido a su exposición a la escorrentía urbana.[13]

Sumado a la calidad del agua, los científicos están explorando el impacto del plástico en el entorno del suelo. La mayoría del plástico producido se queda en la tierra durante y después de su uso, tanto en vertederos como en el medio ambiente terrestre. En el Reino Unido, un equivalente en microplásticos de cerca de 200.000 tarjetas de crédito es depositado mensualmente en tierras agrícolas provenientes de instalaciones de tratamiento de aguas.[14] Todavía se están analizando preguntas que incluyen la ingesta de micro y nanoplásticos en la vida vegetal y la acumulación en los vegetales y frutas que consumimos, los cambios en los ciclos de nitrógeno y carbono en los suelos, y los cambios en las comunidades microbiales y la microfauna en los suelos. Incluso la propia presencia de microplástico en la arena crea variaciones de temperatura en el suelo en que las tortugas bobas ponen sus huevos, y se ha demostrado que esto altera el sexo de la especie.[15]

Este calentamiento de la superficie causado por un aumento en las concentraciones de plástico se puede vincular directamente con el impacto del plástico en el cambio climático. La producción de plástico requiere materias primas obtenidas de la tierra y lleva fugas de metano a la atmósfera. El proceso de destilación y fabricación del producto final liberará gases de invernadero. Durante su uso, se sabe que el plástico desgasifica los gases de invernadero metano y etileno, especialmente cuando se expone a la luz solar. El plástico que se deja en el medio ambiente y se permite que se fragmente en microplástico puede cubrir la superficie del océano y afectar la capacidad del fitoplancton para completar la fotosíntesis, lo que puede alterar la capacidad del océano para almacenar carbono.[16]

## Calidad ambiental

Los plásticos y los químicos asociados a este introducen una variedad de contaminantes a las matrices medioambientales, tales como el agua, el suelo y el aire, y ponen en duda la seguridad de estas. La calidad ecológica del aire, del agua y del suelo se definió como la medición química (PH, oxígeno disuelto, etc.), física y biológica (alga, fitoplancton, etc.) de la aptitud para un uso particular. La aptitud incluye agua dulce para consumo, aire para respirar o suelo para el cultivo de plantas. Las condiciones seguras incluyen aire limpio en el que las aves puedan volar, agua en la cual puedan vivir organismos, y aire y agua para agricultura. Un ejemplo de regulación de la calidad del agua en los Estados Unidos se puede ver en la eliminación del DDT, que estaba debilitando las cáscaras de los huevos de las aves, y en la limitación del uso del mercurio después de la gran mortalidad de peces y aves en el agua. Además, la Agencia de Protección Ambiental replanteó las normas de calidad del aire después de las intensas lluvias ácidas acaecidas en el noreste de los Estados Unidos. La evidencia ha demostrado que los impactos físicos y toxicológicos del plástico no solo tienen el potencial de impactar a los individuos, sino también a redes alimentarias completas. Sin embargo, actualmente no existe una base de referencia para la cantidad de plástico y de químicos asociados con microplásticos o polímeros permitida en el aire o en el agua, aun cuando algunas agencias gubernamentales están trabajando con ahínco para abordar esto.

Además, la investigación todavía está empezando a cuantificar la escala de contaminación de estos contaminantes en el medio ambiente y a determinar las consecuencias sistémicas de estas cantidades de plástico. Como tal, ha sido difícil para los encargados de políticas decidir cómo se van a determinar los riesgos y las limitaciones adecuadas para limitar la contaminación de plástico. Y si bien los impactos a gran escala no se han resuelto del todo, existe la suficiente urgencia para que se lleven a cabo investigaciones y se implementen cambios en las políticas que protejan el medio ambiente.

CAPÍTULO 7

# El impacto del plástico en la sociedad

El daño causado por los plásticos en la vida silvestre, como se indicó en el capítulo 6, nos permite apreciar cómo los humanos se podrían ver impactados por el plástico que abunda en sus vidas diarias. Muchos individuos y grupos de justicia ambiental consideran a los humanos como parte de la naturaleza, y que todas las personas, humanos y no humanos, están interconectadas. Sin embargo, este capítulo se adentra en cómo la sociedad humana se ve beneficiada y a la vez obstaculizada por los plásticos.

## Salud humana

Al inicio, los plásticos eran concebidos como material "inerte" y, como tal, se consideraban una preocupación mínima para la salud humana. El descubrimiento de los microplásticos y de los aditivos plásticos en los productos alimentarios comenzó a alterar esa historia. Los microplásticos vienen en varios tamaños, por lo que tienen el potencial de poder ser transportados externamente a todo el mundo e internamente a todo el cuerpo. Estos fragmentos pueden tener bordes filosos o estar cargados en la superficie, lo que puede tener un impacto negativo en las células aledañas dentro del cuerpo. No obstante, en un interesante giro, la comunidad médica ha estado investigando por años el uso de esferas micro y nanopoliméricas como método farmacéutico de entrega de medicamentos, lo que incluso podría entregarnos información sobre las maneras en que los polímeros de tamaño microscópico de fuentes como los envoltorios de comida podrían interactuar con el cuerpo a nivel celular.[1] Muchos científicos y organizaciones han hecho un llamado para que se investigue el impacto directo de los microplásticos en el cuerpo humano. Sin embargo, la investigación está años atrás de la locura mediática por obtener respuestas. ¿Por qué? Porque sería muy difícil (y éticamente cuestionable) hacer un estudio de dosis controladas de plásticos en seres humanos. Los científicos tienen que basarse en observaciones, correlaciones, estudios en animales y modelos matemáticos para crear una evaluación de los riesgos a la salud humana que presentan los plásticos.

Uno de los primeros hallazgos de investigación relacionados con la salud humana fue el descubrimiento de microplásticos en el agua potable, la comida y el aire que respiramos. Podemos ver esto en titulares de prensa que anuncian cómo se han encontrado microplásticos en cerveza, sal, mariscos, té, miel, bebidas, agua embotellada y agua de la llave. La evidencia de partículas de plástico en lo que comemos y bebemos indica que los microplásticos son una parte regular de nuestras dietas. Los modelos han estimado ahora que los adultos están consumiendo e inhalando más de 70.000 partículas al año.[2] Otras observaciones han confirmado esto mediante la detección de microplásticos en las heces de adultos y menores. Sin embargo, una diferencia es que un niño pequeño excreta diez veces más microplásticos en comparación con un adulto. Aparte de los plásticos para salvar vidas que utilizamos en la medicina, la exposición de los niños a los microplásticos plantea preguntas a los científicos respecto de las generaciones futuras. Una explicación propuesta para el aumento en la exposición al microplástico podría ser que los niños pequeños interactúan con una mayor cantidad de plástico a través de mamaderas, utensilios y contenedores para la alimentación, y juguetes. Por ejemplo, las mamaderas de polipropileno han demostrado liberar miles de millones de microplásticos en la leche de fórmula tras calentarse. Estos hallazgos generan una preocupación aún mayor para la salud humana, ya que las concentraciones de microplásticos se correlacionan con el síndrome del colon irritable (SCI).[3]

Dependiendo del tamaño del fragmento plástico consumido, algunos microplásticos puede migrar al torrente sanguíneo y acumularse en los distintos tejidos. Por ejemplo, los estudios con ratas embarazadas que inhalan microplástico han encontrado partículas de plástico migrando a gran velocidad desde los pulmones al corazón, al cerebro y a partes del feto.[4] La confirmación de este fenómeno se observó en los estudios que descubrieron microplásticos en sangre humana, tejidos pulmonares, el tracto gastrointestinal y la placenta.[5] Esto es preocupante, porque también se prevé que rangos más pequeños de plásticos, los nanoplásticos, serán capaces de ingresar en los tejidos humanos y producir inflamación. Un ejemplo directo de estos riesgos se puede ver en las máquinas de apnea del sueño retiradas en el 2021 debido al riesgo de que pudiesen causar asma, irritación pulmonar o cáncer.[6] Este retiro se debió a la espuma de poliéster-poliuretano, que con el tiempo se puede degradar. La espuma degradada posteriormente puede liberar químicos y microplásticos directamente al aire que los usuarios respiran de noche. Anteriormente, en 1975, la exposición ocupacional de los trabajadores a partículas sintéticas fibrosas y no fibrosas en fábricas fue vinculada con brotes de enfermedad pulmonar intersticial, y se sugirió que aumentaba el riesgo de cáncer pulmonar.[7] Mientras que las correlaciones de los estudios de epidemiología de exposición ocupacional no reflejaban la exposición en la población general, esta información podría ser útil para identificar peligros asociados a la exposición elevada y prolongada a microplásticos.

## Exposición química

Adicionalmente, hay preocupación sobre el efecto en la salud humana de la exposición química originada por las partículas de plástico que actúan como vector de los químicos absorbidos liberados y de los químicos añadidos al polímero durante su procesamiento. Algunos de los químicos más comunes asociados con los plásticos incluyen el bisfenol A (previamente discutido en el capítulo 6), el estireno, los compuestos perfluorados y los retardantes de llama bromados. El estireno es un monómero de espumas de poliestireno asociado con el potencial de causar cáncer, y se ha descubierto que migra hacia la comida que es envuelta en él.[8] Hay un mayor riesgo de migración de estireno a mayor contenido de grasa y temperatura. Sumado a esto, es muy difícil reciclar de forma exitosa los contenedores y productos de poliestireno. A raíz de estos hallazgos, ha aumentado la legislación en Estados Unidos para eliminar los contenedores de comida de plumavit y los cartones de huevo de poliestireno, lo que incluye la clasificación del poliestireno como "problemático" en muchos marcos, tales como el Pacto de Plásticos de Estados Unidos.[9] Los químicos perflourados, como los PFA, han sido denominado "químicos eternos" debido a su longevidad en el medio ambiente y en el cuerpo. Estos han sido vinculados a cáncer y otras respuestas tóxicas, pero todavía son usados como surfactantes y para formar superficies no adherentes de envoltorios de comida para importantes restaurantes de comida rápida, alfombras, muebles, sartenes antiadherentes y otros productos comerciales.[10] Los retardantes de llama bromados fueron una clase de químicos utilizados para inhibir la inflamabilidad de un producto. Estos retardantes se aplicaban regularmente en cojines de sofá, textiles sintéticos y artículos electrónicos. Se trata de químicos persistentes que se han descubierto en partes remotas del mundo, como en los tejidos de animales árticos, y más cerca de nuestros hogares, en gatos domésticos. También se pueden bioacumular en la leche materna. Los retardantes de llama bromados porque pueden provocar cáncer y están relacionados con el deterioro cognitivo y la reducción de la fertilidad.[11]

A partir de estas observaciones, los estudios sobre las especies modelo y los modelos matemáticos predicen que los microplásticos pueden liberar químicos nocivos en el estómago y el intestino. Además, estas mezclas químicas se correlacionan con los mecanismos que influencian la acumulación de grasa en las células.[12] Sumado a los posibles peligros de las partículas físicas de plástico y los químicos asociados con estos polímeros, los plásticos también pueden albergar bacterias patógenas. No obstante, esto no se ha investigado de forma exhaustiva. Por el contrario, en relación con este punto el plástico también puede ayudar a proteger los alimentos tanto del oxígeno como de las bacterias, lo que evita infecciones bacteriales en productos alimentarios, tales como la salmonella y otras enfermedades transmitidas por alimentos.

Es difícil determinar la causa y los efectos de los impactos en la salud del uso y la fragmentación del plástico, ya que hay otros contaminantes a los que estamos expuestos a diario. Aun cuando existen correlaciones entre la contaminación por plásticos o la exposición a químicos asociados al plástico y efectos nocivos, es difícil determinar directamente el nivel de impacto y la relación a las enfermedades y dolencias. No obstante, sin más investigación y estudios de evaluación de riesgos, no hay una respuesta definitiva a cada consecuencia posible de la ingesta e inhalación de plástico en el cuerpo humano. La Organización Mundial de la Salud concluyó en 2022 que la evidencia científica para el impacto de los microplásticos y nanoplásticos en la salud humana no es suficiente para determinar su nocividad. No obstante, también han indicado que esta falta de evidencia no significa que las partículas de plástico sean seguras.

## Justicia ambiental

Sumado a la preocupación sobre los impactos en la salud de la exposición al plástico en la población, existe un importante problema de justicia ambiental relacionado con la producción y contaminación del plástico. Si pensamos sobre la justicia ambiental desde la perspectiva de la justicia distributiva, se definiría como la distribución no equitativa del daño a las comunidades, usualmente enfatizado por diferencias geográficas, raciales, étnicas y educacionales, o por factores socioeconómicos. Un ejemplo de este tipo de daño causado por plástico distribuido inequitativamente se aprecia en comunidades que colindan con lugares donde se extrae, refina y destila petróleo, y donde se utiliza para crear productos plásticos. Estas comunidades están expuestas de forma desproporcionada a grandes cantidades de químicos tóxicos liberados al aire y agua circundantes. Cancer Alley en Louisiana, Estados Unidos, en particular, es un lugar donde las comunidades están expuestas a estos contaminantes y se ven afectadas por mayores incidencias de asma, cáncer y otras complicaciones médicas.[13] Adicionalmente, la falta de alternativas asequibles y accesibles a la abundancia de envoltorios plásticos por lo general deja a las comunidades sin capacidad para tomar sus propias decisiones respecto a la exposición al plástico. Esto se puede apreciar en los desiertos alimentarios prevalentes históricamente en vecindarios de color que solo cuentan con estaciones de gas, restaurantes de comida rápida y tiendas de un dólar como sustitutos de supermercados. Por este motivo, la mayoría de la comida viene envuelta en plástico, y son más los productos que tienen mayores proporciones de envoltorio plástico por producto. Sin embargo, la comida envuelta en plástico también significa que la comida toma más tiempo en descomponerse, y permite que se pueda transportar comida por distancias mucho mayores a lo largo del mundo.

En la etapa de eliminación del plástico, las comunidades limítrofes también se pueden ver rodeadas por incineradores y vertederos que continúan exponiendo a sus familias a más contaminación plástica y química. El plástico importado desde países como Vietnam, Turquía e India se encuentra en una suerte de círculo vicioso. Este desecho plástico proporciona trabajo para los recicladores de base, que buscan en la basura por plásticos de alto valor, tales como el tereftalato de polietileno (PET). No obstante, estos trabajadores y comunidades más próximos a los desechos plásticos están en riesgo de enfermarse, y la basura de "bajo valor" tiende a contaminar sus comunidades y sus cursos de agua. Para contrarrestar la acumulación de desechos en una tierra con disponibilidad limitada y en cursos de agua, algunas comunidades queman abiertamente su basura como parte de sus hábitos diarios de vida. El plástico que se quema abiertamente ha sido vinculado con el asma y el cáncer, debido a que con frecuencia libera microplásticos en tamaños listos para ser inhalados hasta los pulmones, donde a su vez libera aditivos plásticos potencialmente nocivos y sus degradantes, como las dioxinas. La incineración también causa la liberación de gases de invernadero al medio ambiente, lo que exacerba el cambio climático. Si asumimos que la producción de plástico seguirá aumentando, para el año 2050 los plásticos podrían contribuir cerca de 13 % del presupuesto mundial de carbono.[14] Como tal, la contribución del ciclo de vida del plástico al cambio climático incrementará el número de refugiados climáticos que se verán forzados a dejar sus hogares debido al aumento en los niveles del mar y en las temperaturas.

Algunos lugares no están importando basura de forma intencional, pero están viendo la acumulación masiva de desechos y partículas plásticas en sus cursos de agua y tierras, tales como las Islas Midway, las Islas Canarias, la Isla Henderson, la Isla de Pascua y Tonga. La acumulación de desechos plásticos en tierras indígenas infringe la soberanía indígena, definida como "los derechos de las personas indígenas a gobernar sus tierras, aguas y vidas".[15] El agua y el hielo en locaciones en el Ártico, lo que incluye a Inuit Nunangat (las tierras natales de los Inuit), contienen concentraciones de partículas de plástico probablemente procedentes del transporte regional y a larga distancia.[16] Esto también incluye los microplásticos encontrados en peces usados como sustento en sus dietas locales. Aproximadamente tres mil millones de personas en el mundo dependen de pescados (de cultivo o silvestres) como fuente primaria de proteína, los que ahora pueden contener partículas de plástico.

Internacionalmente, los gobiernos están trabajando en fijar límites sobre las cantidades permitidas de plásticos/microplásticos en el medio ambiente y el agua potable. Aun así, hay quienes sostienen que ningún residuo en el medio ambiente es seguro. El derecho al desarrollo se define como el derecho de una industria de seguir su trayectoria de crecimiento y a no ver obstaculizados sus objetivos económicos. Por lo que, si aplicamos el derecho al desarrollo a nuestro marco modelo, las empresas y el capitalismo seguirán fabricando plástico en aras del progreso, lo que indica que el daño a las comunidades previamente mencionadas seguirá siendo perpetuado. La implementación de nuevas políticas a nivel local, nacional y mundial es de vital necesidad para crear cambios reales que aborden los daños causados por la contaminación por plásticos.

CAPÍTULO 8

# Políticas sobre plásticos

Heinz Schmidt-Bachem, de Alemania, ha coleccionado bolsas de plástico y papel desde 1975, y tiene el récord de haber juntado 150.000 de ellas.[1] Si tú abrieras un gabinete, un cajón o la despensa de tu cocina, ¿cuántas bolsas de plástico encontrarías? Utilizamos e intentamos guardar y reutilizar tantas bolsas de plástico que algunas empresas han diseñado porta bolsas que se adosan a las puertas de gabinetes, organizadores de cajones y otros contenedores donde las bolsas quedan comprimidas, específicamente con el propósito de almacenar la interminable cantidad de bolsas con las que convivimos. A pesar de nuestros intentos por reutilizarlas, la cantidad de bolsas que recibimos supera con creces la cantidad que utilizamos. Se estima que las bolsas de plástico que usamos varían entre miles de millones y billones por año, lo que equivale aproximadamente a usar uno o dos millones de bolsas por minuto, lo que las convierte en el artículo de consumo más común del mundo.[2]

Algunas personas aún recuerdan los tiempos en los que no existían las bolsas de plástico. Estas recién se inventaron en 1965, cuando la empresa sueca Celloplast patentó la primera bolsa de plástico con el propósito de evitar que se utilizaran árboles para fabricar bolsas de papel. Su uso se extendió rápidamente a Estados Unidos y a otros países; para 1979, las bolsas de plástico representaban el 80 % del mercado de bolsas en Europa. En 1982, dos de las cadenas de supermercados más grandes de Estados Unidos, Safeway y Kroger, comenzaron a utilizar bolsas de plástico. Para finales de la década de los ochenta, las bolsas de plástico se habían convertido en la norma de uso en todo el mundo.[3] Además de las cantidades abrumadoras involucradas, la gente no tardó en ver los inconvenientes de usar tantas bolsas de plástico. El primer caso documentado de un artículo de plástico enredado en un animal marino, sin contar los equipos de pesca, fue una bolsa de plástico capturada por un Registrador Continuo de Plancton en el noroeste de Irlanda en 1965.[4] Asimismo, la basura que se ha hallado a mayor profundidad en el océano corresponde a una bolsa de plástico, encontrada a 10.898 metros de profundidad en la Fosa de las Marianas. Las bolsas de plástico son difíciles de reciclar, ya que no se pueden depositar en los contenedores de basura; se enredan en los sistemas de transporte y cribado de las instalaciones de recuperación de materiales; salen volando fácilmente de los basureros, de los camiones y de los vertederos; y además obstruyen los sistemas de drenaje, lo que provoca inundaciones.

No es de extrañar que las primeras y más frecuentes políticas promulgadas sobre plásticos se refieran a las bolsas de plástico. La primera prohibición mundial de bolsas de plástico se implementó en Bangladesh en 2002, en respuesta al daño que causaban a los sistemas de drenaje del país. El primer impuesto sobre las bolsas de plástico se implementó en Dinamarca en 1994. Se calcula que los daneses utilizan, al año, unas cuatro bolsas de plástico de un solo uso, mientras que los estadounidenses usan entre trescientas y quinientas. Otros países han seguido estos ejemplos. En julio de 2018, el Programa de las Naciones Unidas para el Medio Ambiente (PNUMA) documentó que, de 192 países examinados, 127 han promulgado algún tipo de política para abordar las bolsas de plástico. En otros países, como EE. UU., donde no existía una política federal al respecto y gran parte del consumo y la gestión de desechos plásticos ocurría a nivel de ciudades y comunidades, las regulaciones a menudo comenzaron en estos niveles antes de expandirse a nivel estatal o nacional. La organización Surfrider Foundation ha identificado más de 1.000 políticas de reducción del plástico en ciudades y estados de EE. UU., que incluyen prohibiciones o impuestos sobre las bolsas de plástico, las pajitas para beber y el poliestireno expandido.[5] No obstante, se ha librado una guerra de políticas públicas, en la que a menudo las comunidades actúan en contra de la industria (por medio de las prohibiciones del plástico versus las prohibiciones preventivas) y las pequeñas empresas en contra de las grandes empresas. En 2011, seis fabricantes de bolsas de plástico demandaron a la empresa de bolsas reutilizables ChicoBag por supuesta tergiversación de datos, los cuales eran en realidad precisos. Los fabricantes de bolsas perdieron la demanda y tuvieron que realizar cambios en el etiquetado de sus productos.

El número de políticas a nivel nacional sobre la contaminación por plásticos ha aumentado con el tiempo. El Inventario de Políticas sobre Plásticos, administrado por el Instituto Nicholas de Soluciones de Política Medioambiental de la Universidad de Duke, alberga un gran subconjunto de políticas que buscan reducir la contaminación por plásticos, adoptadas desde principios de la década de 2000 hasta 2020.[6] El análisis de estas políticas permitió identificar patrones. Un gran subconjunto de las políticas apunta a más de un tipo de plástico mediante prohibiciones; entre ellos, los macroplásticos son los artículos más comunes. Además, el 89 % de las prohibiciones y normativas están dirigidas a las bolsas de plástico. Las políticas más comunes incluyen la prohibición, el cobro de tasas o la implementación de políticas de devolución de artículos de plástico. La prohibición corresponde a una limitación o restricción de un artículo que se vende o distribuye en tiendas. La prohibición se destina principalmente a artículos como los envases de espuma y las bolsas de plástico, conocidos por ser difíciles de reciclar, por su persistencia en el medio ambiente, y por sus posibles efectos perjudiciales para la salud humana y el entorno. Un impuesto o tasa se aplica con el fin de incentivar la reducción de la cantidad de plásticos usados por los consumidores, pero sin eliminar su disponibilidad. Se utiliza con mayor frecuencia en el caso de las bolsas, donde las tasas varían entre cinco y diez centavos de dólar estadounidense por bolsa. Tras la introducción de un impuesto o tasa a las bolsas de plástico, es posible que los consumidores tengan que comprar bolsas para los usos que antes cubrían con bolsas gratuitas. Sin embargo, algunas evaluaciones de estas políticas, luego de dos o más años de su puesta en marcha, muestran una reducción de más del 50 % del uso de bolsas de plástico.[7] Debido a las presiones de la industria del plástico, algunos estados, 18 a partir de 2022, han puesto en práctica prohibiciones preventivas contra políticas que prohíban o graven los artículos de plástico. Así que en esos lugares no se pueden promulgar prohibiciones ni aplicar impuestos sobre artículos como las bolsas.

Se ha comprobado que la educación y la divulgación mejoran el cumplimiento de las prohibiciones o incentivos económicos, y que los fondos provenientes de los impuestos, por ejemplo, pueden destinarse a estas campañas. Cabe destacar que es poco probable que la educación y la divulgación por sí solas cambien el comportamiento.[8] Los sistemas de devolución de botellas también se implementan con frecuencia, y a menudo no solo para materiales plásticos. Históricamente, los sistemas de devolución se utilizaban para los envases rellenables, como las botellas de vidrio para leche y bebidas. Los sistemas de devolución de botellas generalmente reembolsan dinero al a cambio de la botella, el que en Estados Unidos varía entre cinco y diez centavos de dólar. En las regiones donde se aplican, las políticas como los sistemas de devolución de botellas de plástico logran reducir en un 40 % el número de botellas que acaban en el medio ambiente.[9]

La única prohibición a nivel nacional en EE. UU. es la que prohíbe microesferas de plástico en cosméticos, las cuales contribuían directamente a la contaminación por microplásticos en los cuerpos de agua. Esta prohibición se aprobó con apoyo de demócratas y republicanos en 2015 y se implementó por fases entre 2017 y 2019.[10] Existen prohibiciones similares en Canadá, Francia, India, Nueva Zelanda, Suecia, Taiwán y el Reino Unido. Desde el 1 de marzo de 1994, otra normativa sobre plásticos implementada en EE. UU. establece que todos los anillos de plástico para sujetar latas deben ser fotodegradables, lo que se conoce como la Regla de Anillos de Plástico Degradables. Si bien esto implicaba que las focas y otros animales que morían a causa de estos anillos de plástico se salvarían, también implicaba que los anillos de plástico para sujetar latas que terminaran en el medio ambiente se degradarían en fragmentos de plástico más rápidamente que nunca. A principios de 2022, California se convirtió en el primer estado en promulgar una Estrategia Estatal sobre Microplásticos, puesta en marcha por el Consejo de Protección de los Océanos de California.[11] Esta estrategia tiene un doble enfoque: el primero consiste en la búsqueda proactiva de soluciones sobre las que el estado pueda actuar inmediatamente mientras se desarrollan los conocimientos científicos sobre los microplásticos específicos de California. El segundo enfoque consiste en invertir y avanzar en el conocimiento científico de los microplásticos para desarrollar y perfeccionar futuras soluciones.[12]

Sin embargo, a pesar de que encontramos plásticos prácticamente en todas partes, su concentración en el medio ambiente no está regulada en ningún nivel. Los desechos plásticos podrían incluirse en las regulaciones de Carga Máxima Diaria Total (TMDL, por sus siglas en inglés) de EE. UU., pero estas no se centran específicamente en los plásticos en el medio ambiente, sino que abarcan todos los desechos. Además, la Carga Máxima Diaria Total no siempre se implementa como un límite estricto, sino que pueden ser directrices voluntarias y a menudo son objetivos a los que se aspira para conseguir que no haya desechos en una vía fluvial específica. Si bien en el pasado se ha propuesto que los plásticos sean considerados materiales peligrosos con el fin de facilitar su eliminación como contaminantes,[13] estas propuestas no han prosperado. Sin embargo, en 2021 Canadá ubicó a los plásticos en la categoría de "sustancia tóxica" bajo la Ley de Protección Ambiental de Canadá de 1999. Esta clasificación concede al Ministerio del Medio Ambiente y Cambio Climático de Canadá (ECCC, por sus siglas en inglés) la facultad de establecer regulaciones para prohibir o restringir el uso de determinados productos plásticos, además de implementar planes de prevención de la contaminación y códigos de buenas prácticas ambientales. Entre los artículos identificados por el gobierno para su prohibición se encuentran las bolsas de compras, los cubiertos, los envases de alimentos fabricados con plásticos problemáticos (como se describe en el capítulo 2), los anillos de plástico para sujetar latas, los palitos para revolver bebestibles y las pajitas. Muchos países de otras partes del mundo han sido más proactivos y agresivos que Estados Unidos a la hora de abordar la contaminación por plásticos a través de políticas. La sanción más severa por poseer una bolsa de plástico existe en Kenia: hasta cuatro años de prisión y una multa de 40.000 dólares. Además, países africanos lideran el mundo en regulaciones sobre bolsas de plástico, con treinta y una prohibiciones implementadas solo en el África subsahariana.[14] Por otro lado, Indonesia fue el primer país en desarrollar un Plan Nacional de Acción contra los desechos marinos (centrado en el plástico), y al menos once países han seguido su ejemplo creando sus propias estrategias.[15]

En 2017, una regulación sobre plásticos tuvo un impacto global cuando China implementó una prohibición a la importación de desechos plásticos para reciclaje, lo que nos afectó a muchos de nosotros. A nivel mundial, la mitad la chatarra plástica solía exportarse a China, y cuando el país dejó de aceptarla, las consecuencias se sintieron en muchas regiones. Los países de altos ingresos pertenecientes a la Organización para la Cooperación y el Desarrollo Económicos (OCDE) comenzaron a enviar su chatarra plástica a países de menores ingresos fuera de la OCDE. Los países del Sur de Asia, el Sudeste Asiático y Europa del Este fueron considerados los nuevos mercados para estos materiales. Sin embargo, algunos países, como Filipinas y Malasia, los rechazaron o devolvieron.[16] En ciertos casos, algunos países siguen aceptando la chatarra plástica, pero puede que esta se queme y se vierta ilegalmente, como el ejemplo de la chatarra plástica del Reino Unido en Turquía.[17] La exportación de chatarra plástica provocó una de las enmiendas de tratados más rápida de la historia. El Convenio de Basilea regula los envíos internacionales de desechos peligrosos y aquellos destinados al reciclaje o eliminación (como los desechos electrónicos). A partir del 1 de enero de 2021, el tratado fue modificado para incluir la mayoría de los movimientos transfronterizos de chatarra plástica, de modo que ahora exige notificación previa y el consentimiento del país receptor. Sin embargo, no todos los países han ratificado el Convenio de Basilea, entre ellos, Estados Unidos.

Basándonos en estudios paralelos publicados en la revista Science (2020), sabemos que las políticas e intervenciones en las fases finales del ciclo de vida del plástico no son suficientes, ya que, de mantenerse el escenario actual, la cantidad de plásticos que llegan al océano se triplicará de aquí a 2040.[18] Por ejemplo, para cerrar la brecha de recolección de aquí a 2040, sería necesario que diariamente 500.000 personas se sumaran a la recolección de desechos, lo cual es imposible. Incluso con todos los compromisos de políticas gubernamentales y corporativas cumplidos hasta 2020, solo se lograría una reducción del 7 % en la cantidad de plásticos que llegan al océano. Ningún enfoque por sí solo puede lograrlo, pero las intervenciones en las fases iniciales del ciclo de vida del plástico, que incluyen la reducción, reutilización y rediseño, no pueden ser ignoradas mientras se pone el foco únicamente en la recolección, el reciclaje, la eliminación y la mitigación de fugas.

El público también ha comenzado a darse cuenta de esto y ha empezado a exigir mejores empaques e información por parte de las empresas. Numerosos pleitos legales han demostrado que las promesas y las declaraciones sobre los objetivos para reducir la contaminación por plásticos, especialmente mediante el simple aumento del reciclaje, no son suficientes. Incluso la expansión del reciclaje hacia una mayor circularidad debe proporcionar información precisa al público. Ha habido demandas contra Dr. Pepper-Keurig y Terracycle por exageración o falta de transparencia en las declaraciones sobre reciclabilidad que han logrado acuerdos positivos para el medio ambiente. Estos resultaron en cambios en el etiquetado sobre las declaraciones de reciclabilidad por parte de Dr. Pepper-Keurig, Terracycle, Coca-Cola, Procter & Gamble, Late July Snacks, Gerber, L'Oréal, Tom's of Maine, Clorox y Materne. Estas demandas ayudaron a generar apoyo para aprobar la Ley de Etiquetado Verdadero de California (SB343) en 2021. No obstante, el estado de California ha ido más allá en la investigación del origen de las declaraciones fraudulentas. En abril de 2022, en una investigación pionera, el Fiscal General de California anunció una investigación sobre las industrias de los combustibles fósiles y petroquímicas por su papel en la causa y agravamiento de la crisis global de contaminación por plásticos.[19] Específicamente, la investigación se centrará en las empresas que han causado y exacerbado esta crisis global de contaminación por plásticos, investigará el papel de estas empresas en perpetuar mitos sobre el reciclaje y hasta qué punto este engaño sigue vigente, y determinará si estas acciones infringen la ley. El Fiscal General Bonta emitió una citación a ExxonMobil buscando información relacionada con el caso.[20] Tanto los gobiernos como el público están cansados de cargar con la responsabilidad de la gestión de desechos plásticos y la contaminación.

La diversidad de políticas sobre plásticos ha impulsado los llamados por un pacto internacional. En marzo de 2022, el mundo fue testigo de un momento histórico cuando la Asamblea de las Naciones Unidas para el Medio Ambiente (UNEA, por sus siglas en inglés) 5.2 transmitió en vivo el anuncio de las resoluciones sobre la contaminación por plásticos. Se tituló "Fin de la contaminación por plásticos: hacia un instrumento internacional jurídicamente vinculante". Fue el primer paso para que los estados miembros pactaran crear un acuerdo jurídicamente vinculante para abordar la contaminación por plásticos. La sala estalló en aplausos. Las numerosas noches de negociaciones dieron sus frutos cuando esta resolución fue acordada por 193 países. La resolución sobre plásticos de la UNEA se basa en otras iniciativas globales. Por ejemplo, en 2015, cuando Alemania presidió el G7 (Canadá, Francia, Alemania, Italia, Japón, Reino Unido y EE. UU.), estos países aprobaron un plan de acción para combatir los desechos marinos. Fue la primera vez que los siete países acordaron abordar este problema juntos. El plan de acción se refería a los "desechos marinos" y ni siquiera definía la contaminación por plásticos. El plan de acción del G7, primero en su tipo, incluía peticiones de ayuda internacional, intercambio de mejores prácticas y utilización de plataformas existentes como la Alianza Mundial sobre Desechos Marinos (GPML, por sus siglas en inglés), creada en 2012, con el fin de promover el cambio de comportamiento individual y empresarial al reconocer que la prevención es clave, y de apoyar una amplia gama de políticas e instrumentos disponibles.

La resolución de la UNEA abarca todo el ciclo de vida de los plásticos, desde su producción y uso, hasta sus fugas al medio ambiente, lo que incluye su gestión como desechos. Menciona la reducción de desechos como un componente clave y aborda el reciclaje dentro del contexto de una economía circular, cuyo objetivo es mantener los materiales en uso durante el mayor tiempo posible. Este enfoque va más allá del simple reciclaje, ya que implica cambios en las fases iniciales del ciclo de vida del plástico —antes del reciclaje— para reducir la generación de desechos desde el comienzo. Asimismo, considera el diseño de productos y materiales de manera tal que garanticen una gestión circular al final de su vida útil. La resolución también toma en cuenta a la comunidad global de recolección y reciclaje informal, que actualmente desempeña un papel fundamental en la gestión y el reciclaje de materiales a nivel mundial, aunque a menudo opera sin reconocimiento y en condiciones que no protegen su salud ni el medio ambiente.

En esta resolución, la prevención y la reducción de la contaminación por plásticos no se limitan al entorno marino, sino que se extienden a todos los ecosistemas. Además, la resolución de la UNEA establece que las políticas y acciones deben basarse en la ciencia, lo que contempla información socioeconómica. Esta resolución también otorga flexibilidad para que el futuro acuerdo jurídicamente vinculante pueda implementarse en el contexto nacional de cada estado miembro, reconociendo sus contextos particulares. Por ejemplo, una prohibición de envases de agua de un solo uso podría ser viable en un país, pero no en otro. Además, se toman en consideración los recursos de los Estados miembros con el fin de que la carga de la implementación no sea completa responsabilidad de los países o las comunidades locales. Un marco global parece estar en vías de resolución, pero tanto la evaluación de su eficacia como su progreso requieren una recolección de datos y un seguimiento estandarizados, algo que hasta 2022 aún no se llevaba a cabo en la escala espacial o temporal necesarias. En palabras de Inger Andersen, directora ejecutiva del PNUMA, tras la UNEA: "Hoy se celebra un triunfo del planeta Tierra sobre los plásticos de un solo uso. Este acuerdo mundial es el pacto multilateral más importante en materia de medio ambiente desde el Acuerdo de París. Es una póliza de seguros para esta generación y las futuras, para que podamos convivir con el plástico sin que nos condene".[21] Esperamos que, para cuando leas esto, ya contemos con un marco jurídicamente vinculante que los países de todo el mundo puedan adoptar y que, finalmente, logre reducir la cantidad de plásticos que llegan a nuestra tierra y océanos, protegiendo así la salud humana y el medio ambiente.

CAPÍTULO 9

# Alternativas e intervenciones para el plástico

En los capítulos anteriores de este libro, abordamos el rápido aumento de la producción de plástico y su impacto en la contaminación ambiental. También discutimos las implicancias de este tipo de contaminación tanto para el medio ambiente como para la sociedad. Llegado este punto, es posible que te preguntes qué se puede hacer para remediar o "solucionar" este problema. Muchas personas han reflexionado sobre lo mismo. A lo largo de décadas, se han implementado múltiples enfoques para abordar la producción, el uso y la gestión de desechos plásticos, incluyendo intervenciones a través de políticas públicas, innovaciones industriales y organización comunitaria (Tabla 1). Las intervenciones mediante políticas corresponden a medidas adoptadas por gobiernos locales, nacionales y globales a través de directrices, leyes y regulaciones para reducir la producción, el uso o el descarte de plásticos. Muchas de estas políticas se analizaron en el capítulo 8. Las intervenciones de la industria comprenden la fabricación de materiales alternativos, reformulados o reciclados y nuevas soluciones de gestión de desechos, así como programas de recompra, reutilización o rellenado. Un ejemplo es Recyclebank, un sistema de recompensas basado en la industria para ciudadanos locales que toman decisiones ecológicas como el reciclaje. Las comunidades y los grupos sin ánimo de lucro suelen organizar a la gente, recaudar recursos y fomentar la acción colectiva para abordar la crisis de la contaminación por plásticos. Con el fin de conceptualizar todo el trabajo que hoy en día se realiza para hacer frente a la contaminación por plásticos, desde la producción hasta las fugas, examinaremos algunos de los métodos de intervención más utilizados.

Tabla 1. Lista de intervenciones utilizadas para abordar la contaminación por plásticos en distintas partes del mundo.

| Intervención | Explicación | Ejemplo |
|---|---|---|
| Políticas (capítulo 8) | Los gobiernos locales, nacionales y globales implementan políticas para regular o reducir la producción, el uso o el descarte de plásticos. | Prohibiciones/ impuestos a las bolsas de plástico<br>Prohibición de microesferas<br>Programas de reciclaje |
| Industria | La industria está impulsada por la demanda del mercado para crear alternativas y soluciones a la contaminación por plásticos. | Programas de recompra de productos<br>Bioplásticos<br>Innovación en el reciclaje de plásticos biodegradables |
| Comunidad/ organizaciones sin ánimo de lucro | Los consumidores se organizan para impulsar la demanda del mercado, las políticas y la limpieza de sus comunidades. | |

## Limpieza

Dado que los efectos sobre el medio ambiente y los animales son tan evidentes, nuestro primer instinto para abordar la crisis de la contaminación por plásticos es hacer una limpieza de estos y retirar los desechos del medio ambiente. En los años cincuenta, algunas empresas de bebidas y tabacaleras fundaron la organización sin fines de lucro Keep America Beautiful (KAB) para "promover un medio ambiente limpio". Sin embargo, como se mencionó en la introducción de este libro, surgió una gran controversia sobre sus verdaderas motivaciones cuando se negaron a respaldar los sistemas de devolución de botellas, que han demostrado reducir la basura de botellas en el medio ambiente, pero que no contaban con el apoyo de las empresas que los financiaban. En 1971, la KAB lanzó la campaña "Las personas crean la contaminación. Las personas pueden detenerla", acompañada del anuncio publicitario "El indio que llora", muy inapropiado y con mucha ecoimpostura. Este anuncio culpaba directamente al público por la basura, a la vez que situaba a la industria en una posición en la que solo podía ofrecer al público artículos desechables que maximizaran sus beneficios.[1] Luego, la KAB pedía al público que se ofreciera como voluntario para limpiar la basura, incluidos los plásticos, en entornos terrestres. La industria financió las iniciativas que la KAB llevaría a cabo, principalmente con voluntarios, para reducir los desechos, fomentar el reciclaje y "embellecer" los barrios. Aunque las empresas afiliadas a la KAB suelen tener impactos positivos a nivel local, el financiamiento fue al final en beneficio propio, lo que permitió a la industria continuar con su actividad habitual e incluso aumentar las cantidades de artículos desechables que llegaban al mercado. Aparte de la publicación más reciente de informes periódicos sobre la basura, que ahora se utilizan en estudios científicos, antes apenas se recolectaban datos que ilustraran lo que la KAB encontraba en el medio ambiente.

En Texas, en 1986, se llevó a cabo una de las primeras limpiezas costeras en las que se registraron los objetos recogidos. Este evento anual de limpieza global y recolección de datos, conocido como la Limpieza Internacional de Costas (ICC, por sus siglas en inglés), ha sido organizado por Ocean Conservancy por más de tres décadas. Con el tiempo, *miles* de organizaciones sin fines de lucro y comunitarias empezaron a realizar limpiezas pequeñas y masivas en todo el mundo, a veces en colaboración con científicos (académicos y comunitarios). Pero la mayoría de estas limpiezas requieren un gran número de voluntarios locales que recojan y clasifiquen manualmente la basura para reciclarla o depositarla en vertederos. Tanto los miembros de la comunidad como los científicos trabajan para caracterizar la basura recogida y así contribuir a la implementación, en las fases iniciales del ciclo de vida del plástico, de más intervenciones y alternativas a los desechos plásticos. Un estudio de la organización Break Free from Plastic identificó las empresas cuyos productos son los que más se convierten en basura en el mundo. En 2021 fueron, en orden: 1) Coca-Cola, 2) PepsiCo, 3) Unilever, 4) Nestlé y 5) Procter & Gamble.[2] Este activismo ha llevado a que algunas de estas empresas asuman compromisos para abordar la crisis de contaminación por plásticos. No obstante, pocos o ninguno de estos compromisos incluyen la reducción en la producción de plásticos de un solo uso. Por ejemplo, en 2018, Coca-Cola lanzó la iniciativa Un Mundo sin Residuos, en la que se comprometía a recoger y reciclar el equivalente a una botella o lata por cada una de estas que vendiera para 2030, lograr que sus envases fuesen completamente reciclables para 2025 y utilizar un 50 % de material reciclado en botellas y latas para 2030. El activismo directo ha empezado a responsabilizar a las empresas por todo el ciclo de vida de sus productos, y los datos le han dado cierto poder a la gente. Sin embargo, el inconveniente de utilizar las limpiezas como la única intervención para el cambio es que estas exigen enormes cantidades de tiempo y esfuerzo de voluntarios que no deberían asumir esta carga.

Inicialmente, la atención se centró en la limpieza de desechos en entornos terrestres, incluidas las costas, lo que dejó en segundo plano a las aguas dulces y marinas. Esto cambió con la mayor difusión de imágenes de plásticos dañando la vida marina, ya sea por enredos, acumulación de desechos en sus sistemas digestivos o estrangulamiento. Además, las organizaciones han implementado estrategias más comunes de limpieza terrestre en los sistemas acuáticos, incluyendo la captura de desechos flotantes en la superficie. Las limpiezas en ríos son menos frecuentes que las realizadas en entornos terrestres y costeros, a pesar de que los arroyos y ríos de agua dulce son a la vez un sumidero y una fuente de plásticos cuyo destino es el mar. Las "trampas para basura" son barreras y contenedores que flotan en cursos de agua dulce para capturar los desechos que flotan en la superficie. Estas tecnologías han evitado que una gran cantidad de desechos fluyan río abajo y lleguen al océano. Pero la desventaja de esta tecnología es que requiere de infraestructura, operación y mantenimiento para retirar periódicamente los desechos de la trampa para basura antes de que estos se acumulen, se depositen en el sedimento, liberen sustancias químicas en el agua o se fragmenten en microplásticos. Además, estos dispositivos deben instalarse en lugares en los que, tras recoger el plástico, se tenga acceso a una infraestructura de gestión de desechos. Si no existe una infraestructura de gestión de desechos en tierra para gestionar los desechos recogidos, la contaminación simplemente se transfiere del agua al suelo, con la posibilidad de volver al agua nuevamente.

También han surgido tecnologías automatizadas, entre ellas, robots autónomos que pueden recoger la basura y sistemas estacionarios alimentados por energía solar o hidráulica que recolectan la basura de las aguas superficiales y la depositan directamente en un contenedor. Las barredoras de playas se desplazan por la costa recogiendo la basura plástica más relevante. No obstante, existen muy pocas tecnologías para limpiar los microplásticos del medio ambiente. Por ejemplo, la Hula One es una aspiradora diseñada para extraer microplásticos de la arena aprovechando su flotabilidad, pero su proceso es lento y poco eficiente. Las instalaciones de tratamiento de aguas eliminan la mayor parte de los microplásticos de las aguas residuales, pero estos terminan en los lodos residuales. En el caso de los nanoplásticos, actualmente no existe ninguna tecnología viable para eliminarlos del medio ambiente. Limpiar los plásticos de cualquier cuerpo de agua es más complicado que en los entornos terrestres, ya que no todos permanecen en la superficie. Algunos polímeros flotan, otros se hunden de inmediato y algunos lo hacen después de degradarse o cambiar de densidad debido a su tamaño o al crecimiento de microorganismos. Las propuestas para limpiar los océanos tanto en la superficie como en otras profundidades han demostrado ser poco prácticas. El mar es muy, muy profundo. Es tan profundo que todavía no hemos cartografiado completamente el fondo marino global. Sí, es probable que el plástico haya visto más del océano que lo que ha visto la humanidad. Las limpiezas son una solución a la contaminación por plásticos que solo involucra las fases finales del ciclo de vida de estos. Además, hace recaer en los consumidores y voluntarios la responsabilidad de arreglar el problema en lugar de recaer en los productores que fabrican y venden los productos. Es como intentar fregar el suelo del baño antes de cortar el agua de una tina que se está rebalsando.

## Cambio de material y diseño

Entonces, ¿podemos utilizar un material distinto al plástico y rediseñar nuestros envases? La idea más sencilla es volver a los materiales naturales con los que empezamos, como metales, vidrio y madera, para reemplazar el plástico. Sin embargo, el plástico ha cubierto una necesidad vital en diversas industrias que esos otros materiales no podrían reemplazar de manera eficiente o efectiva, por ejemplo: suministros médicos y de investigación, productos de consumo, construcción y transporte. Si bien en la industria de suministros médicos y de investigación hay muy pocas alternativas para los materiales plásticos que se usan, en la industria del envasado y los productos de consumo es esencial desarrollar nuevas opciones y soluciones.

Como se analizó en el capítulo 6, hemos visto numerosas imágenes de animales salvajes estrangulados y enredados en anillos plásticos para sujetar latas. Una extensa campaña de información pública concientizó a la población sobre el problema y la incentivó a cortar los anillos de plástico que han asfixiado a tantas focas. Gracias a esta campaña, hasta el día de hoy millones de personas siguen cortando los anillos plásticos que sujetan las latas. El daño que causan estos anillos a la fauna silvestre condujo a una normativa que exigía que los anillos se fragmentaran en el medio ambiente. No obstante, en muchos casos, el uso de estos anillos para sujetar latas son cosa del pasado. Tras un nuevo diseño, las latas comenzaron a envolverse completamente en una película de plástico resistente o simplemente a venderse en cajas de cartón, empaques que antes se usaban solo para lotes de doce latas, pero que ahora también se están usando para los de seis u ocho. Hoy en día existen contenedores de plástico rígido para latas, que son reutilizables, e incluso simples adhesivos que mantienen las latas unidas, lo que reduce el uso de material y de plástico en un 76 % (los adhesivos son de plástico).[3] También existen anillos de plástico biodegradable para seis latas que, originalmente, se fabricaban con los restos de cebada y trigo del proceso de elaboración de la cerveza, pero que ahora están hechos de "fibra", que se promocionaba como alimento para peces (pero claramente esto no lo recomendamos). Aun así, como producto de fibra, similar al papel, debería biodegradarse en un vertedero o sistema de compostaje y en el medio ambiente.

El caso de los anillos de plástico para sujetar latas es un ejemplo de rediseño y sustitución de materiales. No obstante, algunas de estas opciones pueden tener costos, como el consumo de energía y de agua y las emisiones de carbono en distintos puntos de la producción y la distribución. Sin embargo, evitar la extracción, el procesamiento y el refinado de combustibles fósiles, así como proteger el medio ambiente de la contaminación por plásticos, suele ser motivación suficiente para realizar estos cambios, y no hay una forma muy buena de comparar estos costos entre sí.

Otro ejemplo exitoso de rediseño también está relacionado con las latas de bebidas de aluminio. Las latas de aluminio solían tener una lengüeta que debía retirarse por completo para abrir la lata y consumir la bebida, y que terminaban en el medio ambiente y podían causar cortes si alguien las pisaba, debido a su forma y al filo del material. Para solucionar este problema, las lengüetas fueron rediseñadas para permanecer unidas a la lata tras abrirla, como ocurre hoy en día, permitiendo así que las latas siguieran siendo la opción preferida para muchas bebidas. No obstante, una vez que se inventó el tereftalato de polietileno (PET, por sus siglas en inglés) y demostró ser lo suficientemente resistente para contener líquidos carbonatados, junto con el desarrollo de tapas con membranas que permitían conservar la carbonatación, el plástico logró captar una parte significativa del mercado en muchos casos. Hoy en día, las tapas de plástico se encuentran con más frecuencia en el medio ambiente que las botellas, lo que plantea la necesidad de innovaciones en el diseño de botellas para mantener las tapas adheridas, una solución que Coca-Cola planea implementar en Gran Bretaña para 2024.

Aunque muchos científicos de materiales están trabajando arduamente en el desarrollo de materiales que cumplan funciones similares a las del plástico, pero que no provengan de combustibles fósiles o no persistan en el medio ambiente, tales materiales aún no han logrado ocupar una parte significativa del mercado. Los plásticos compostables, como el ácido poliláctico (PLA, por sus siglas en inglés), no se biodegradan si no se gestionan adecuadamente, pero no están hechos de combustibles fósiles y pueden descomponerse en instalaciones de compostaje industrial (aunque no en el compostaje doméstico). En otros casos, ya existen polímeros como el polihidroxialcanoato (PHA), que pueden biodegradarse en el suelo y en el compostaje doméstico. Sin embargo, la biodegradabilidad en entornos marinos sigue siendo un desafío, ya que la actividad microbiana en el océano es limitada o muy diferente a la de los suelos. Los plásticos no reciclables a base de petróleo, como la delgada película plástica utilizada en envolturas de alimentos, podrían ser una aplicación lógica de los plásticos biodegradables.

En un mundo ideal, todos los plásticos se estandarizarían con unos pocos tipos de polímeros primarios, con aditivos no tóxicos y pocos colores. Se restringirían los materiales híbridos y con capas que no pueden reciclarse. Si desde un comienzo hubiéramos seguido principios de ingeniería ecológica como estos, podríamos haber evitado muchas de las consecuencias que enfrentamos hoy.[4] Por ejemplo, el material debería poder reciclarse fácilmente varias veces, no debería descomponerse en microplásticos, no debería contener productos químicos dañinos, debería ser compatible con el reciclaje de otros plásticos y debería utilizarse para necesidades específicas y no solo por el mero hecho de usar materias primas para fabricar plásticos. Si fuera necesario utilizar plásticos, su aplicación como material debería ser intencional, adoptando un enfoque basado en la demanda del producto final (*output pulled*) en lugar de una producción impulsada por la disponibilidad de materiales (*input pushed*), limitando así la cantidad de productos hechos a partir de plásticos.

Hay factores esenciales tras algunos usos específicos del plástico. El mejor ejemplo procede de una campaña de rediseño de pajitas de plástico que intentaba hacer pajitas de metal o papel. La comunidad activista por los derechos de las personas con discapacidad rápidamente educó a los demás sobre el hecho de que algunas personas solo pueden usar pajitas de plástico. En algunos casos, las pajitas reutilizables de silicona podrían utilizarse, pero ahora las pajitas se han convertido en uno de los primeros casos de uso del PHA, un material que ofrece la flexibilidad y la sensación en la boca del plástico, pero que es biodegradable. Además, grandes establecimientos, incluidas las principales cadenas de cine, querían comenzar a utilizar pajitas de materiales alternativos. En cuanto al rediseño, grandes empresas como PepsiCo y Unilever se han comprometido a que todos sus envases sean reciclables o compostables, lo que requiere tanto el rediseño del producto como materiales potencialmente compostables o biodegradables. La clave de todos estos compromisos está en las definiciones de "reciclable" y "biodegradable" en comparación con "compostable", las que deben ajustarse a la infraestructura de gestión de materiales en cada región. Otros ejemplos de rediseño son los envases para llevar que no son de poliestireno expandido (EPS, por sus siglas en inglés) y los vasos para fiestas que son de aluminio y no de plástico.[5] En algunas zonas costeras, una certificación para restaurantes "respetuosos con los océanos" ha ayudado a los establecimientos a reducir el uso de plástico y adquirir materiales alternativos, como productos reutilizables de envases para llevar. Sin embargo, los materiales alternativos suelen ser más costosos, y no todos las empresas o personas pueden permitírselos. Además, no todas las personas tienen acceso a tiendas con programas de reutilización u opciones de materiales más sostenibles.

Un gran inconveniente de los materiales alternativos y el rediseño es que podrían perpetuar las normas que tenemos actualmente de usar y desechar, solo que con materiales diferentes. Incluso existe la posibilidad de que el cambio a materiales que las personas perciban como más "respetuosos con el medio ambiente" y que no supongan un problema de contaminación por plásticos haga que se sientan libres para utilizar más de lo que lo que usarían de otro modo, lo que daría lugar a un consumo excesivo de nuevos materiales en lugar de reducir el uso de un producto innecesario. Esto se conoce como la paradoja de Jevons, según la cual las personas tienden a conducir más en un auto eléctrico, al considerarlo mejor para el medio ambiente, mientras que, por otro lado, evitan conducir o combinar viajes en un auto que usa gasolina. Un ejemplo con el plástico es que, si la gente evita comprar utensilios de plástico al llevar consigo un juego reutilizable, es posible que dejen de hacer esto cuando los utensilios pasen a ser no plásticos o biodegradables.

## Economía circular

La intervención posterior que se suele sugerir para abordar la acumulación de desechos plásticos consiste en gestionarlos mejor, de modo de evitar que acaben en el medio ambiente. Este concepto suele asociarse a la creación de una economía circular y está relacionado con la sección anterior sobre materiales alternativos y rediseño, ya que una economía totalmente circular requeriría ambas cosas. Una economía circular consiste en evitar la generación de desechos y recircular de forma sostenible los bienes producidos y consumidos compartiéndolos, reutilizándolos, restaurándolos y reciclándolos. Si se implementa correctamente, no habría desechos en las comunidades. También disminuiría la necesidad de materias primas para fabricar nuevos productos porque estaríamos reutilizando los productos ya en circulación. Este concepto se ha popularizado de diversas maneras. La primera es a través de la influencia de los medios de comunicación. Algunos influencers en redes sociales son conocidos por sus publicaciones sobre sus estilos de vida "cero desechos" o sus nuevas compras de segunda mano. La película de Disney *Cruella* muestra la idea de reutilizar telas para la moda. Sin embargo, la representación de la contaminación por plásticos en los medios de comunicación de Hollywood debe mejorar, según un estudio realizado por el Centro Norman Lear de la USC Annenberg.[6] Este indica que los plásticos de un solo uso eran habituales en la televisión, ya que aparecían en todos los episodios examinados, con un promedio de 28 artículos de plástico de un solo uso por episodio, el 93 % de los cuales no se eliminaban en pantalla, lo que daba pie a la mentalidad de "los desechos simplemente desaparecen". Cuando se mostraba la eliminación de desechos, un impresionante 80 % de estos se eliminaban tirándolos a la basura, y a menudo se trataba de objetos comunes que se encuentran en nuestro entorno, como el cigarrillo de Carrie Bradshaw en *And Just Like That*... los medios de comunicación no debieran mostrar que es elegante o aceptable arrojar basura.

Las empresas también están adoptando esta idea. Por ejemplo, Starbucks ofrece opciones reutilizables hechas de materiales reciclados y fomenta que sus clientes lleven sus tazas reutilizables. Un caso de estudio más profundo se puede ver en Ikea. Los estudiantes universitarios estadounidenses suelen comprar sus muebles en Ikea, los que utilizan por períodos relativamente cortos y, a veces, solo durante algunos meses. Al final de los periodos de mudanza de las residenciales universitarias, los muebles de Ikea se acumulan peligrosamente en los contenedores de basura. Ikea es conocida por ser económica y potencialmente desechable, ya que sus muebles son fáciles de ensamblar, desarmar y desechar. La empresa sueca ha reconocido la naturaleza de corto plazo de sus muebles en comparación con otras marcas, lo que ha considerado como una oportunidad para mantener los muebles fuera del medio ambiente y en circulación, por lo que creó un programa de recompra y reventa.[7]

En capítulos anteriores hemos tratado brevemente algunas de las dificultades que plantea la gestión de desechos, incluido el reciclado químico y mecánico. Aunque recientemente se han fijado objetivos para seguir desarrollando la tecnología del reciclado químico y mecánico avanzado, los plásticos no son como otros materiales, como los metales, que pueden reciclarse infinitamente. Los materiales vírgenes siguen siendo necesarios para fabricar un producto con una integridad similar a la del producto original. El otro problema del reciclado reside en los tipos de productos que pueden reciclarse, ya que estos están relativamente limitados por el tipo de plástico y su tamaño, debido a que los sistemas de gestión de desechos no reciclan nada que sea más pequeño que una baraja de cartas. Algunos productores de la industria han tomado medidas para abordar el problema de la reciclabilidad de sus plásticos: han cambiado el diseño del material (por ejemplo, las botellas de Sprite ahora son transparentes en lugar de verdes) y han creado sistemas específicos de recolección para reciclar sus productos. Además, algunas empresas reciben de vuelta sus productos para reciclarlos, como las cápsulas K, los sobres de salsa de Taco Bell y los lentes de contacto Biotrue; sin embargo, la responsabilidad recae sobre el público que debe ir a devolver, o enviar, esos artículos a los centros de recolección.

Uno de los problemas más importantes que plantea la creación de una economía verdaderamente circular radica en la industria del embalaje, que utiliza una gran proporción del plástico producido para transportar mercancías en todo el mundo. La mayoría de las veces, el embalaje, salvo las cajas de cartón, se utiliza una sola vez y no suele reciclarse. Algunas industrias han trabajado para dar una segunda vida a estos productos en artículos para infraestructuras, como el uso de bolsas de plástico de un solo uso para fabricar ladrillos en Kenia y tarimas para patios exteriores. No obstante, esto no promueve una economía circular porque requiere que estas bolsas sean reemplazadas, por lo que su fuente de material debería evitarse o proceder también de una fuente reciclada. Algunas industrias, como Amazon, han probado nuevos embalajes que utilizan menores cantidades de plástico, pero que no se pueden reciclar en todas partes.

En 2022, tanto un informe del Departamento de Energía como un informe de The Last Beach Cleanup y Beyond Plastics mostraron que la tasa de reciclaje en EE. UU. descendió del 8,7 %, en 2018, al 5-6 %.[8] Dondequiera que estemos, seguimos confundidos sobre qué plásticos reciclar, cuando en realidad, el informe de Beyond Plastics indica que el material en sí no puede reciclarse de forma realista debido a los muchos desafíos que se presentan en el camino (descritos en el capítulo 3).[9] Un análisis de 2022 realizado por Eunomia Research & Consulting concluyó que, si las cinco principales empresas de bebidas cumplieran sus compromisos de reciclado (algo que aún está por verse), estos compromisos solo reducirían en un 7 % la contaminación marina de las botellas de plástico de un solo uso. Si bien la gestión y el reciclaje de materiales plásticos serían parte de un futuro sin desechos, por sí solos no estarían ni cerca de resolver la crisis de contaminación por plásticos.

## Evitar el plástico y punto

Si bien las tres primeras soluciones podrían implementarse, y de hecho se están implementando hoy en día, aún no han dado frutos en la reducción de la cantidad de desechos plásticos producidos o liberados en el medio ambiente. Hasta ahora, el reciclaje no ha reducido la producción de plástico virgen. Todos los compromisos asumidos hasta la fecha solo proyectan una creciente cantidad de plástico que llegará a nuestro medio ambiente y a los cuerpos de agua en los próximos diez a treinta años.

La solución más sugerente es detener por completo el uso del plástico. Ahora bien, ¿cómo sería eso? ¿Significaría el fin del capitalismo y el consumismo tal como los conocemos hoy? ¿Volveríamos a las ollas de cerámica de los años cuarenta y a la ropa de algodón tejida a mano? ¿Abandonaríamos nuestros suministros médicos vitales y las opciones de transporte? Algunas ONG y científicos creen que la única manera de reducir la contaminación plástica es poner un límite a su producción. Dado que la mayor parte de los plásticos se utilizan para embalaje, al menos eliminar la mayor cantidad posible de estos podría ser un comienzo (ver la sección sobre plásticos innecesarios, evitables y problemáticos en el capítulo 2). Los plásticos duraderos y que salvan vidas podrían ser otro tema aparte.

¿Cómo podríamos satisfacer las necesidades de las personas y hacerles llegar productos sin plásticos? Este concepto está siendo probado en ciudades a través de una organización llamada Perpetual Use, que busca superar los desafíos y explorar cómo ampliar el sistema de reutilización para que sea inclusivo y accesible. Imagina visitar una ciudad donde cada envase, ya sea de plástico o no, se reutiliza continuamente.

## ¿Qué podemos hacer?

El método más eficaz para abordar el problema de la contaminación por plásticos es implementar soluciones integrales basadas en sistemas que requieran tecnologías, inversión empresarial, cambios en las políticas y transformaciones impulsadas por la población. Esto incluye, en primer lugar, identificar productos y polímeros innecesarios, evitables y problemáticos. Una vez determinados estos materiales poliméricos, y los químicos asociados a ellos, deberían ser prohibidos en el mercado a nivel local o global. La prohibición de un producto también impulsaría la demanda de crear o utilizar materiales y productos alternativos. Sin embargo, para que estas alternativas sean competitivas, los gobiernos deben eliminar los incentivos para el uso de combustibles fósiles en la producción de plásticos no duraderos y así dar una oportunidad a otras materias primas. En segundo lugar, debemos desarrollar infraestructuras y políticas que respalden un sistema de reutilización en la entrega de alimentos y productos que no generen desechos. Y, por último, necesitamos un desarrollo más sólido de las infraestructuras de recolección, eliminación, reciclaje, compostaje y limpieza medioambiental de la basura. Todas estas decisiones deben tomarse colectivamente en los lugares donde la producción, el uso y la eliminación del plástico sean importantes.

Además de los cambios sistémicos, las acciones individuales tienen un efecto clave a la hora de impulsar cambios. Entonces, ¿qué podemos hacer? Aquí hay algunas ideas. Primero, puedes tomar decisiones viables para tu estilo de vida respecto a cómo gastas tu dinero, cómo usas tu voz y cómo participas en los sistemas gubernamentales (dinero, voz y voto). Si te preocupa tu salud o el impacto ambiental del plástico, puedes tomar decisiones para limitar la exposición innecesaria a este material. Puedes hacerlo comprando productos reutilizables o recargables que no tengan plásticos. Si deseas que las empresas creen más opciones reutilizables, biodegradables o con menos plástico, puedes hacer oír tu voz hablando con otras personas sobre la contaminación por plásticos, escribiendo correos electrónicos a las industrias solicitando cambios o colaborando con negocios locales para fomentar más opciones reutilizables o biodegradables en los envases para llevar. También puedes trabajar con los gobiernos locales para solicitar mejores instalaciones de reciclaje y compostaje que acepten plásticos biodegradables/compostables. Pon en marcha un huerto comunitario o un mercado agrícola para evitar los productos envasados. Únete a una limpieza local y proporciona los datos de esta a Debris Tracker y a las campañas internacionales de limpieza. Habla con todos tus conocidos sobre este tema o envíales este libro y así todos podremos cambiar lo que pensamos sobre los plásticos. Puedes hacer muchos pequeños cambios para que se divulgue y aborde el problema de la contaminación por plásticos.

Las alternativas y soluciones a este problema son tan complicadas como las miles de fórmulas y formas que puede adoptar el plástico. Así, aunque no existe una solución sencilla, existe una amplia comunidad de personas dispuestas a trabajar para resolver los problemas creados por la producción y la contaminación por plásticos.

# GLOSARIO

**Amenaza a los límites planetarios**

Perturbaciones en los sistemas terrestres causadas por la actividad humana que superan los límites ambientales del planeta y corren el riesgo de provocar cambios ambientales graves y abruptos. Un ejemplo de esto es el cambio climático.

**Bioplástico**

Plásticos derivados de polímeros naturales encontrados en organismos y que poseen propiedades similares a las del plástico.

**Bisfenol A (BPA, por sus siglas en inglés)**

Es una sustancia química asociada a polímeros que se usa como monómero o aditivo (antioxidante) en algunos plásticos. Se ha demostrado que este compuesto se desprende de los plásticos y acaba en el cuerpo humano y el medio ambiente. Además, el BPA es un químico disruptor endocrino y está relacionado con algunos tipos de cáncer.

**Desechos**

Corresponde a basura que se encuentra en el medio ambiente sin ser gestionada. Los desechos en tierra suelen llamarse simplemente "desechos", mientras que los desechos en el entorno marino se denominan "desechos marinos". Dichas denominaciones no implican responsabilidad.

**Desechos marinos**

La definición de desechos marinos de la Administración Nacional Oceánica y Atmosférica de EE. UU. (NOAA, por sus siglas en inglés) es cualquier cosa que no pertenezca de forma natural al agua. Incluye plásticos y equipos de pesca perdidos o abandonados.

**Desechos sólidos municipales**

Desechos generados por los miembros de la comunidad a nivel doméstico. Incluye los desechos producidos en el lugar de trabajo y en restaurantes. No incluye los desechos derivados de la construcción, demolición, manufactura o procesos industriales.

**Economía circular**

Según la Ley Save Our Seas 2.0 de Estados Unidos, la economía circular se refiere a una economía que utiliza un enfoque basado en sistemas e involucra procesos industriales y actividades económicas que son restaurativas o regenerativas por diseño, que permiten que los recursos utilizados en dichos procesos y las actividades mantengan su máximo valor durante el mayor tiempo posible, y que tienen como objetivo la eliminación de residuos a través del diseño superior de materiales, productos y sistemas (incluidos los modelos de negocio).

**Enredo**

Cuando un organismo queda atrapado y enredado en una masa que puede ser de desechos marinos, incluidos hilos de pesca de plástico, globos o bolsas plásticas.

**Esquema de depósito y devolución**

En este esquema, las personas que compran un artículo pagan un pequeño depósito que puede ser reembolsado al devolver el envase en un lugar conveniente, como una tienda o centro de canje. Se utilizan más comúnmente para botellas de bebidas hechas de vidrio o plástico.

**Isla de basura del Pacífico**

Es un término erróneo, ya que no es una "isla" en el Pacífico, sino la acumulación de plástico en el giro del Pacífico Norte (una circulación de corrientes en dicho océano). Esta acumulación no se parece a una isla. Se pueden observar algunos objetos de plástico, pero la mayor parte está fragmentada en piezas microscópicas (microplásticos) que no pueden verse hasta que se extraen del agua con una red de muestreo.

**Justicia ambiental**

Corresponde al trato equitativo y la participación de todas las personas en el desarrollo, implementación y cumplimiento de las leyes, regulaciones y políticas medioambientales.

**Microplástico**

Plásticos de menos de 5 milímetros de tamaño, pero mayores a 1.000 micrómetros. Los microplásticos pueden fabricarse en estos tamaños (primarios) o formarse a partir de la degradación de plásticos más grandes (secundarios). Los plásticos que son más pequeños que este rango de tamaño se denominan nanoplásticos.

**Plástico biodegradable**

Plásticos que pueden descomponerse mediante la acción de organismos vivos, como los microbios, en agua, dióxido de carbono y biomasa. Estos plásticos pueden ser bioplásticos, plásticos sintéticos o una combinación de ambos. Algunos requieren condiciones específicas, como instalaciones de compostaje que proporcionan altas temperaturas, niveles variables de oxígeno y presión para acelerar el proceso de degradación.

**Plástico de un solo uso**

Materiales plásticos diseñados para desecharse luego de ser utilizados una sola vez. Por ejemplo, vasos de plástico, utensilios, envoltorios de comida, botellas de plástico, etc.

**Plástico sintético**

Plásticos que utilizan combustibles fósiles como materia prima para su fabricación.

**Polímero**

También conocido como plástico. Los polímeros están compuestos por monómeros individuales que se enlazan para formar una cadena. Se utilizan para fabricar una variedad de productos plásticos y poseen diversas propiedades físico-químicas y funciones que dependen del monómero utilizado.

**Prohibiciones/tasas sobre plásticos**

Las prohibiciones de plásticos prohíben un tipo o forma particular de plástico para su venta o uso en una determinada jurisdicción. Las tasas sobre plásticos imponen un cargo o impuesto por el uso o venta de un tipo o forma particular de plástico en una jurisdicción determinada.

**Químicos asociados a polímeros**

A veces llamados aditivos para plásticos. Son sustancias químicas incorporadas intencionalmente en los productos plásticos para cumplir una función específica o cambiar su apariencia, o bien, de manera no intencionada debido a la degradación de otros compuestos durante el procesamiento o la contaminación.

# NOTAS

### Capítulo 1

1. https://www.merriam-webster.com/dictionary/plastic.
2. Susan Freinkel, *Plastic: A Toxic Love Story* (Boston: Mariner Books, 2011).
3. Laura Sullivan, "How Big Oil Misled the Public into Believing Plastic Would Be Recycled", National Public Radio, 11 de septiembre de 2020, https://www.npr.org/2020/09/11/897692090/how-big-oil-misled-the-public-into-believing-plastic-would-be-recycled.

### Capítulo 2

1. Roland Geyer, Jenna R. Jambeck y Kara Lavender Law, "Production, Use, and Fate of All Plastics Ever Made", *Science Advances* 3, n.° 7 (2017): e1700782.
2. Plastics Europe, *Plastics — the Facts 2020*, septiembre de 2021, https://plastics europe.org/knowledge-hub/plastics-the-facts-2020/.
3. Plastics Europe, *Plastics — the Facts 2020*.
4. Datos registrados solo en la EU27+3 (UK, Noruega y Suiza) por Plastics Europe. Plastics Europe, *Plastics — the Facts 2020*.
5. United States Environmental Protection Agency, "Advancing Sustainable Materials Management: 2017 Fact Sheet Assessing Trends in Material Generation, Recycling, Composting, Combustion with Energy Recovery and Landfilling in the United States", Washington, DC, 2020.
6. Ocean Conservancy, *The Beach and Beyond: International Coastal Cleanup 2019 Report*, septiembre de 2019, https://oceanconservancy.org/wp-content/uploads/2019/09/Final-2019-ICC-Report.pdf; Ocean Conservancy, *Together, We Are Team Ocean — 2020 Report*, octubre de 2020, https://oceanconservancy.org/wp-content/uploads/2020/10/FINAL_2020ICC_Report.pdf; Kathryn Youngblood, Sheridan Finder y Jenna Jambeck, *Mississippi River Plastic Pollution Initiative 2021 Science Report*, septiembre de 2021, https://www.unep.org/resources/report/mississippi-river-plastic-pollution-initiative-2021-science-report.

7. Australia Packaging Covenant Organization (APCO), *SingleUse, Problematic and Unnecessary Plastic Packaging*, octubre de 2020, https://documents.packagingcovenant.org.au/public-documents/Single-Use%20Problematic%20and%20Unnecessary%20Plastic%20Packaging; U.S. Plastics Pact, *Problematic and Unnecessary Materials Report*, enero de 2022, https://usplasticspact.org/wp-content/uploads/dlm_uploads/2022/01/U.S.-Plastics-Pact-Problematic-Unneces sary-Materials-Report-1.25.2022.pdf.


**Capítulo 3**


1. Silpa Kaza et al., *What a Waste 2.0: A Global Snapshot of Solid Waste Management to 2050* (Washington, DC: World Bank Group, 2018), https://openknowledge.worldbank.org/handle/10986/30317.
2. Roland Geyer, Jenna R. Jambeck y Kara Lavender Law, "Production, Use, and Fate of All Plastics Ever Made", *Science Advances* 3, n.° 7 (2017): e1700782.
3. Geyer, Jambeck y Law, "Production, Use, and Fate".
4. Eileen Maura McGurty, "Warren County, NC, and the Emergence of the Environmental Justice Movement: Unlikely Coalitions and Shared Meanings in Local Collective Action", *Society & Natural Resources* 13, n.° 4 (2000): 373-387; Robert D. Bullard, *Dumping in Dixie: Race, Class, and Environmental Quality* (Boulder, CO: Westview, 1990); Clare Cannon, "Examining Rural Environmental Injustice: An Analysis of Ruralness, Class, Race, and Gender on the Presence of Landfills across the United States", *Journal of Rural and Community Development* 15, n.° 1 (2020): 89-114; Omolade Erogunaiye, "Environmental Justice and Landfills: Application of Spatial and Statistical Analysis for Assessing Landfill Sites in Texas", (discurso PhD, Texas Southern University, 2019).
5. Kenneth D. Tunnell, "Illegal Dumping: Large and Small Scale Littering in Rural Kentucky", *Journal of Rural Social Sciences* 23, n.° 2 (2008): 29-42.
6. Geyer, Jambeck y Law, "Production, Use, and Fate".
7. Plastics Waste Management Institute, *An Introduction to Plastic Recycling 2019*, enero de 2020, https://www.pwmi.or.jp/ei/plastic_recycling_2019.pdf.
8. Amy L. Brooks, Shunli Wang y Jenna R. Jambeck, "The Chinese Import Ban and Its Impact on Global Plastic Waste Trade", *Science Advances* 4, n.° 6 (2018): eaat0131.
9. Kara Lavender Law et al., "The United States' Contribution of Plastic Waste to Land and Ocean", *Science Advances* 6, n.° 44 (2020): eabd0288.
10. Geyer, Jambeck y Law, "Production, Use, and Fate".

11. Pinjing He et al., "Municipal Solid Waste (MSW) Landfill: A Source of Microplastics? Evidence of Microplastics in Landfill Leachate", *Water Research* 159 (2019): 38-45.
12. Geyer, Jambeck y Law, "Production, Use, and Fate".
13. Christine Wiedinmyer, Robert J. Yokelson y Brian K. Gullett, "Global Emissions of Trace Gases, Particulate Matter, and Hazardous Air Pollutants from Open Burning of Domestic Waste", *Environmental Science & Technology* 48, n.° 16 (2014): 9523-9530; Brian K. Gullett et al., "Emissions of PCDD/F from Uncontrolled, Domestic Waste Burning", *Chemosphere* 43, n.° 4 (2001): 721-725; Costas A. Velis y Ed Cook, "Mismanagement of Plastic Waste through Open Burning with Emphasis on the Global South: A Systematic Review of Risks to Occupational and Public Health", *Environmental Science & Technology* 55, n.° 11 (2021): 7186-7207.

**Capítulo 4**

1. Ocean Conservancy, "Fighting for Trash Free Seas: International Coastal Cleanup", visitado en mayo de 2022, https://oceanconservancy.org/trash-free-seas/international-coastal-cleanup/.
2. Laurent Lebreton et al., "Evidence that the Great Pacific Garbage Patch Is Rapidly Accumulating Plastic", *Scientific Reports* 8, n.° 1 (2018): 1-15.
3. Kara Lavender Law et al., "Plastic Accumulation in the North Atlantic Subtropical Gyre", *Science* 329, n.° 5996 (2010): 1185-1188.
4. Marcus Eriksen et al., "Plastic Pollution in the World's Oceans: More Than 5 Trillion Plastic Pieces Weighing over 250,000 Tons Afloat at Sea", *PLoS ONE* 9, n.° 12 (2014): e111913.
5. Steve Allen et al., "Atmospheric Transport and Deposition of Microplastics in a Remote Mountain Catchment", *Nature Geoscience* 12, n.° 5 (2019): 339-344.
6. X. Peng et al., "Microplastics Contaminate the Deepest Part of the World's Ocean", *Geochemical Perspectives Letters* 9, n.° 1 (2018): 1-5.
7. Oisín Ó. Briain et al., "The Role of Wet Wipes and Sanitary Towels as a Source of White Microplastic Fibres in the Marine Environment", *Water Research* 182 (2020): 116021.
8. Steve Allen et al., "Examination of the Ocean as a Source for Atmospheric Microplastics", *PLoS ONE* 15, n.° 5 (2020): e0232746.
9. Janice Brahney et al., "Plastic Rain in Protected Areas of the United States",
10. *Science* 368, n.° 6496 (2020): 1257-1260.

**Capítulo 5**

1. Hans Zwiefel, Ralph D. Meier y Michael Schiller, Plastics Additives Handbook, 6ª ed. (Cincinnati, OH: Hanser Publications, 2009).
2. Sam Kean, "When Plastics Are Precious", *Science* 373, n.° 6550 (2021): 40-42.
3. Helene, Wiesinger, Zhanyun Wang y Stefanie Hellweg, "Deep Dive into Plastic Monomers, Additives, and Processing Aids", *Environmental Science & Technology* 55, n.° 13 (2021): 9339-9351.
4. Rudolph D. Deanin, "Additives in Plastics", *Environmental Health Perspectives* 11 (1975): 35-39.
5. Jaromir Michałowicz, "Bisphenol A—Sources, Toxicity and Biotransformation", *Environmental Toxicology and Pharmacology* 37, n.° 2 (2014): 738-758.
6. Ksenia J. Groh et al., "Overview of Known Plastic Packaging-Associated Chemicals and Their Hazards", *Science of the Total Environment* 651 (2019): 3253-3268.
7. John N. Hahladakis et al., "An Overview of Chemical Additives Present in Plastics: Migration, Release, Fate and Environmental Impact During Their Use, Disposal and Recycling", *Journal of Hazardous Materials* 344 (2018): 179-199.
8. Emma L. Teuten et al., "Transport and Release of Chemicals from Plastics to the Environment and to Wildlife", *Philosophical Transactions of the Royal Society B: Biological Sciences* 364, n.° 1526 (2009): 2027-2045.

**Capítulo 6**

1. Matthew MacLeod et al., "The Global Threat from Plastic Pollution", *Science* 373, n.° 6550 (2021): 61-65.
2. Karl W. Kenyon and Eugene Kridler, "Laysan Albatrosses Swallow Indigestible Matter", *The Auk* 86, n.° 2 (1969): 339-343.
3. Robson G. Santos, Gabriel E. Machovsky-Capuska, y Ryan Andrades, "Plastic Ingestion as an Evolutionary Trap: Toward a Holistic Understanding", *Science* 373, n.° 6550 (2021): 56-60.
4. Marcus Eriksen et al., "The Plight of Camels Eating Plastic Waste", *Journal of Arid Environments* 185 (2021): 104374.
5. Associated Press, "Elephants Are Dying from Eating Plastic Waste in Sri Lankan Dump", New York Post, 14 de enero de 2022, https://nypost.com/2022/01/14/elephants-dying-from-eating-plastic-waste-in-sri-lankan-dump/.
6. Roman Lehner et al., "Emergence of Nanoplastic in the Environment and Possible Impact on Human Health", *Environmental Science & Technology* 53, n.° 4 (2019): 1748-1765.

7. Hans Zwiefel, Ralph D. Meier y Michael Schiller, Plastics Additives Handbook, 6ª ed. (Cincinnati, OH: Hanser Publications, 2009).
8. Charles Staples et al., "A Review of the Environmental Fate, Effects, and Exposures of Bisphenol A", *Chemosphere* 36, n.° 10 (1998): 2149-2173.
9. Mark Anthony Browne et al., "Microplastic Moves Pollutants and Additives to Worms, Reducing Functions Linked to Health and Biodiversity", *Current Biology* 23, n.° 23 (2013): 2388-2392.
10. Lauren Roman et al., "Plastic, Nutrition and Pollution; Relationships between Ingested Plastic and Metal Concentrations in the Livers of Two *Pachyp tila* Seabirds", *Scientific Reports* 10, n.° 1 (2020): 1-14.
11. Ksenia J. Groh et al., "Overview of Known Plastic Packaging-Associated Chemicals and Their Hazards", Science of the Total Environment 651 (2019): 3253-3268.
12. Lisa Zimmermann et al., "What Are the Drivers of Microplastic Toxicity? Comparing the Toxicity of Plastic Chemicals and Particles to Daphnia magna", Environmental Pollution 267 (2020): 115392.
13. Zhenyu Tian et al., "A Ubiquitous Tire Rubber-Derived Chemical Induces Acute Mortality in Coho Salmon", Science 371, n.° 6525 (2021): 185-189.
14. Daisy Harley-Nyang et al., "Investigation and Analysis of Microplastics in Sewage Sludge and Biosolids: A Case Study from One Wastewater Treatment Works in the UK", Science of the Total Environment 823 (2022): 153735.
15. Valencia Beckwith y Mariana M. P. B. Fuentes, "Microplastic at Nesting Grounds Used by the Northern Gulf of Mexico Loggerhead Recovery Unit", Marine Pollution Bulletin 131 (2018): 32-37.
16. Helen V. Ford et al., "The Fundamental Links between Climate Change and Marine Plastic Pollution", Science of the Total Environment 806 (2022): 150392.

**Capítulo 7**

1. Neelesh K. Varde y Daniel W. Pack, "Microspheres for Controlled Release Drug Delivery", *Expert Opinion on Biological Therapy* 4, n.° 1 (2004): 35-51.
2. Sarah Gibbens, "You Eat Thousands of Bits of Plastic Every Year", *National Geographic*, 5 de junio de 2019, https://www.nationalgeographic.com/environment/article/you-eat-thousands-of-bits-of-plastic-every-year.
3. Zehua Yan et al., "Analysis of Microplastics in Human Feces Reveals a Correlation between Fecal Microplastics and Inflammatory Bowel Disease Status", *Environmental Science & Technology* 56, n.° 1 (2021): 414-421.
4. Sara B. Fournier et al., "Nanopolystyrene Translocation and Fetal Deposition after Acute Lung Exposure during Late-Stage Pregnancy", *Particle and Fibre Toxicology* 17, n.° 1 (2020): 1-11.

5. Damian Carrington, "Microplastics Found in Human Blood for First Time", *The Guardian*, 24 de marzo de 2022.
6. Joshua Brockman, "Breathing Machine Recall Over Possible Cancer Risk Leaves Millions Scrambling for Substitutes", *New York Times*, 17 de agosto de 2021, https://www.nytimes.com/2021/08/17/health/cpap-breathing-devices-recall.html.
7. World Health Organization, *Dietary and Inhalation Exposure to Nano and Microplastic Particles and Potential Implications for Human Health* (Ginebra: World Health Organization, 2022).
8. Zahra Pilevar et al., "Migration of Styrene Monomer from Polystyrene Packaging Materials into Foods: Characterization and Safety Evaluation", *Trends in Food Science & Technology* 91 (2019): 248-261.
9. U.S. Plastics Pact, *Problematic and Unnecessary Materials Report*, enero de 2022, https://usplasticspact.org/wp-content/uploads/dlm_uploads/2022/01/U.S.-Plastics-Pact-Problematic-Unnecessary-Materials-Report-1.25.2022.pdf.
10. Danni Cui, Xuerong Li y Natalia Quinete, "Occurrence, Fate, Sources and Toxicity of PFAS: What We Know So Far in Florida and Major Gaps", *Trends in Analytical Chemistry* 130 (2020): 115976.
11. Liza Gross, "Flame Retardants in Consumer Products Are Linked to Health and Cognitive Problems", *Washington Post*, 15 de abril de 2013.
12. Johannes Völker et al., "Adipogenic Activity of Chemicals Used in Plastic Consumer Products", *Environmental Science & Technology* 56, n.° 4 (2022): 2487-2496.
13. United Nations Environment Programme, *Neglected: Environmental Justice Impacts of Marine Litter and Plastic Pollution* (Nairobi: United Nations Environment Programme, 2021).
14. Center for International Environmental Law (CIEL) et al., *Plastic and Climate: The Hidden Costs of a Plastic Planet*, mayo de 2019, https://www.ciel.org/lasticandclimate/.
15. Meg Parsons, Lara Taylor y Roa Crease, "Indigenous Environmental Justice within Marine Ecosystems: A Systematic Review of the Literature on Indigenous Peoples' Involvement in Marine Governance and Management", *Sustainability* 13, n.° 8 (2021): 4217; Max Liboiron, Rui Li, Elise Earl e Imari Walker-Franklin, "Models of Justice Evoked in Published Scientific Studies of Plastic Pollution", *Facets*. 2023.Max Liboiron et al., "Abundance and Types of Plastic Pollution in Surface Waters in the Eastern Arctic (Inuit Nunangat) and the Case for Reconciliation Science", *Science of the Total Environment* 782 (2021): 146809.

**Capítulo 8**

1. Guinness World Records, "Largest Collection of Paper and Plastic Bags", visitado en mayo de 2022, https://www.guinnessworldrecords.com/world-records/68623-largest-collection-of-paper-and-plastic-bags.
2. Guinness World Records, "Most Ubiquitous Consumer Item", visitado en mayo de 2022, https://www.guinnessworldrecords.com/world-records/89873-most-ubiquitous-consumer-item.
3. United Nations Environment Program (UNEP), "From Birth to Ban: A History of the Plastic Shopping Bag", 20 de diciembre de 2021, https://www.unep.org/news-and-stories/story/birth-ban-history-plastic-shopping-bag.
4. Guinness World Records, "First Documented Case of Plastic Entanglement", visitado en mayo de 2022, https://www.guinnessworldrecords.com/world-records/645219-first-documented-case-of-plastic-entanglement.
5. Jennifer Romer, "The Surfrider Foundation Releases Interactive Map of U.S. Plastic Reduction Policies", 30 de marzo de 2021, https://www.surfrider.org/coastal-blog/entry/the-surfrider-foundation-releases-interactive-map-of-u.s-plastic-reduction-policies.
6. Nicholas Institute for Environmental Policy Solutions, "Plastic Policy Inventory", Duke University, 2022, https://nicholasinstitute.duke.edu/plastics-policy-inventory.
7. Zoie Diana et al., "The Evolving Global Plastics Policy Landscape: An Inventory and Effectiveness Review", *Environmental Science & Policy* 134 (2022): 34-45.
8. Guinness World Records, "Most Ubiquitous Consumer Item."
9. Qamar Schuyler et al., "Economic Incentives Reduce Plastic Inputs to the Ocean", *Marine Policy* 96 (2018): 250-255.
10. United States Food and Drug Administration (FDA), "The MicrobeadFree Waters Act: FAQs", 25 de febrero de 2022, https://www.fda.gov/cosmetics/cosmetics-laws-regulations/microbead-free-waters-act-faqs.
11. California Ocean Protection Council, *Statewide Microplastics Strategy: Understanding and Addressing Impacts to Protect Coastal and Ocean Health*, febrero de 2022, https://www.opc.ca.gov/webmaster/ftp/pdf/agenda_items/20220223/Item_6_Exhibit_A_Statewide_Microplastics_Strategy.pdf.
12. Romer, "The Surfrider Foundation Releases Interactive Map".
13. Chelsea M. Rochman et al., "Classify Plastic Waste as Hazardous", *Nature* 494, n.° 7436 (2013): 169-171.
14. Ephrat Livni, "Africa Is Leading the World in Plastic Bag Bans", Quartz Africa, 18 de mayo de 2019, https://qz.com/africa/1622547/africa-is-leading-the-world-in-plastic-bag-bans/; Laura Parker, "Plastic Bag Bans Are Spreading. But Are They Truly Effective?", *National Geographic*, 17 de abril

de 2019, https://www.nationalgeographic.com/environment/article/plastic-bag-bans-kenya-to-us-reduce-pollution.
15. Global Partnership on Marine Litter (GPML), "Action Plans", United Nations Environment Programme, visitado en mayo de 2022, https://www.gpmarine litter.org/what-we-do/action-plans.
16. Reality Check Team, "Why Some Countries Are Shipping Back Plastic Waste", BBC News, 2 de junio de 2019, https://www.bbc.com/news/world-48444874.
17. Kathryn Snowdon, "UK Plastic Waste Being Dumped and Burned in Turkey, Says Greenpeace", BBC News, 17 de mayo de 2021, https://www.bbc.com/news/uk-57139474.
18. Pew Charitable Trusts and SYSTEMIQ, *Breaking the Plastic Wave: A Com prehensive Assessment of Pathways Towards Stopping Ocean Plastic Pollution, 2020*, https://www.pewtrusts.org/-/media/assets/2020/10/breakingthe-plasticwave_mainreport.pdf.
19. State of California Department of Justice, Office of the Attorney General, "Plastics", visitado en mayo de 2022, https://oag.ca.gov/plastics.
20. California Ocean Protection Council, *Statewide Microplastics Strategy*.
21. "Nations Sign Up to End Global Scourge of Plastic Pollution", UN News, 2 de marzo de 2022, https://news.un.org/en/story/2022/03/1113142.

**Capítulo 9**

1. Ginger Strand, "The Crying Indian", *Orion Magazine* 20 (2008).
2. Break Free From Plastic, *Brand Audit Report 2021*, octubre de 2021, https://www.breakfreefromplastic.org/wp-content/uploads/2021/10/BRAND-AUDIT-REPORT-2021.pdf.
3. Rachel Arthur, "Shrinking Away from Shrink Wrap: How Carlsberg Developed Its Six-Pack Glue Technology", Beverage Daily, 28 de septiembre de 2021, https://www.beveragedaily.com/Article/2018/11/20/Shrinking-away-from-shrink-wrap-How-Carlsberg-developed-its-six-pack-glue-technology.
4. Paul T. Anastas y Julie B. Zimmerman, "Peer Reviewed: Design through the 12 Principles of Green Engineering", *Environmental Science & Technology* 37, n.° 5 (2003): 94A-101A.
5. Jesse Klein, "Should You Swap Plastic for Aluminum Packaging? It's Complicated", Green Biz, 19 de marzo de 2021, https://www.greenbiz.com/article/should-you-swap-plastic-aluminum-packaging-its-complicated.
6. Plastic Pollution Coalition, "Flip the Script on Plastics", visitado en mayo de 2022, https://www.plasticpollutioncoalition.org/flipthescript.

7. Parija Kavilanz, "Ikea Will Pay You to Get Its Old Furniture Back", CNN Business, 31 de marzo de 2022, https://www.cnn.com/2022/03/31/cars/ikea-furniture-buyback-permanent/index.html.
8. Anelia Milbrandt et al., "Quantification and Evaluation of Plastic Waste in the United States", *Resources, Conservation and Recycling* 183 (2022): 106363.
9. Beyond Plastics, *The Real Truth about the U.S. Plastic Recycling Rate: 2021 U.S. Facts and Figures*, mayo de 2022.

# LECTURAS ADICIONALES

Beiras, Ricardo. *Marine Pollution: Sources, Fate and Effects of Pollutants in Coastal Ecosystems*. Ámsterdam: Elsevier, 2018.

Bergmann, Melanie, Lars Gutow, y Michael Klages. *Marine Anthropogenic Litter*. Berlín: Springer Nature, 2015.

Cobb, Allison. 2014. *Plastic: An Autobiography*. Aufgabe: 356.

Freinkel, Susan. *Plastic: A Toxic Love Story*. Boston: Houghton Mifflin Harcourt, 2011.

Geyer, Roland. 2021. *The Business of Less: The Role of Companies and Households on a Planet in Peril*. Londres: Routledge.

Humes, Edward. 2012. *Garbology: Our Dirty Love Affair with Trash*. Nueva York: Avery.

Liboiron, Max. 2021. *Pollution Is Colonialism*. Durham, NC: Duke University Press.

Meikle, Jeffrey. 1995. *American Plastic: A Cultural History*. New Brunswick, NJ: Rutgers University Press.

Weis, Judith S., De Falco, Francesca, y Mariacristina Cocca. 2022. *Polluting Textiles: The Problem with Microfibres*. Londres: Routledge.

Zweifel, Hans. 2001. *Plastic Additives Handbook*. Hanser Gardner Publications.

# ÍNDICE

L



M



N



O



P

www.ingramcontent.com/pod-product-compliance
Lightning Source LLC
LaVergne TN
LVHW062353051026
849517LV00017B/2680
* 9 7 8 9 5 6 1 4 3 4 7 5 2 *